U0217961

卓越系列·21世纪高职高专精品规划教材
国家骨干高等职业院校特色教材

电机与电力拖动技术

主　编　王培林　徐瑞霞
副主编　赵　振　张为宾
　　　　刘红艳

天津大学出版社
TIANJIN UNIVERSITY PRESS

内 容 摘 要

本教材是高职机电一体化技术及相关专业的一门专业必修课教材。本教材主要介绍机电装备行业企业常用电动机类型及其拖动技术。本教材内容包括四个大的学习项目,分别为直流电动机及控制、交流电动机及拖动系统、交流变频系统、控制电机及其应用。每个项目都有一个实际应用案例作为项目引导,项目内容分为知识储备、任务解决、知识拓展几部分,将理论学习和实践训练等环节结合起来,实现了"学中做、做中学"的一体化教学。

图书在版编目(CIP)数据

电机与电力拖动技术/王培林,徐瑞霞主编. —天津:天津大学出版社,2014.1(2018.7 重印)

(卓越系列)

21 世纪高职高专精品规划教材 国家骨干高等职业院校特色教材

ISBN 978-7-5618-4936-1

Ⅰ.①电… Ⅱ.①王… ②徐… Ⅲ.①电机 - 高等职业教育 - 教材 ②电力传动 - 高等职业教育 - 教材 Ⅳ.① TM3 ②TM921

中国版本图书馆 CIP 数据核字(2014)第 011596 号

出版发行	天津大学出版社
地　　址	天津市卫津路 92 号天津大学内(邮编:300072)
电　　话	发行部:022-27403647
网　　址	publish. tju. edu. cn
印　　刷	北京虎彩文化传播有限公司
经　　销	全国各地新华书店
开　　本	185mm×260mm
印　　张	10. 5
字　　数	262 千
版　　次	2014 年 2 月第 1 版
印　　次	2018 年 7 月第 3 次
定　　价	26. 00 元

凡购本书,如有缺页、倒页、脱页等质量问题,烦请向我社发行部门联系调换

版权所有 侵权必究

前　　言

随着工业经济的发展和科技的进步,异步电机、各种控制电机及变频技术越来越多地应用在现代机电设备上,如数控机床、自动生产线、机器人、动车等。

对于高职机电一体化技术及相关专业,机电设备常用电机及拖动系统的设计、安装与调试能力是必备的一项基本技能。为了满足新时期对人才的需求,我们根据国家教育部高职高专"电机及电力拖动技术""电机及电气控制"教学大纲的要求,选定了本教材的项目内容。并根据高职教育的实际情况,注重理论联系实际,力求通俗易懂、深入浅出,突出实际应用环节。

本书所选项目融合了电机学、电力拖动、控制电机及电气控制、变频技术等几门课程的基本教学内容,并根据实际应用情况将其有机结合在一起,既突出了机电一体化专业所需核心内容,提高了教学功效,还能够适应课程改革和学时减少的需求。

本书在内容选取及组织上,具有以下特点。

1. 充分调研,适应需求

通过对多家机电装备行业企业和往届毕业生进行多次调研,对教材的内容及组织进行了充分的论证,以知识"必需、够用"为原则,对传统的《电机学》《电力拖动技术》《电气控制技术》及《控制电机》等教材的内容进行整合简化,注重应用能力的培养。

2. "模块化、进阶式"优化学习项目

以体现专业岗位的要求和学生掌握知识和能力的发展顺序、以适用"项目导向、任务驱动"的教学模式为原则,组织教材学习项目;以常用机电设备 C650、CK6136 车床和工业机器人为教学项目载体,确定三相异步电动机拖动系统,步进和伺服电机拖动系统,直流电机拖动系统,交流变频系统的设计、安装及调试四个模块化学习项目;按照"任务描述→知识储备→知识拓展→任务解决"的顺序组织项目内容,理实一体。

3. 教材体现规范化和延展性

教材融入维修电工职业资格标准及电机拖动技术相关操作规范,体现教材的实用性;并在知识扩展部分引入自动生产线、数控加工中心的拖动系统等新技术,反映行业的发展趋势和需求。

由于编者水平有限且时间仓促,书中错误及疏漏之处在所难免,欢迎广大读者批评指正。

编者

2013 年 10 月

目　　录

项目1　直流电动机及控制

项目导读

直流电动机是将直流电能转换成机械能的电机。

直流电机是工矿、交通、建筑等行业中的常见动力机械,是机电行业人员的重要工作对象之一。作为一名电气控制技术人员,必须熟悉直流电机的结构、工作原理和性能特点,掌握主要参数的分析计算,并能正确熟练地操作使用直流电机。

与交流电机相比,直流电机的优点是调速性能好、启动转矩大、过载能力强,在启动和调速要求较高的场合应用广泛;不足之处是直流电机结构复杂、成本高、运行维护困难。

项目知识目标

掌握直流电动机的结构及工作原理。

掌握直流电动机的基本工作特性。

掌握直流电动机的基本控制环节。

项目能力目标

能根据要求选择合理的直流电动机。

能根据直流电动机基本工作特性确定直流电动机控制系统设计方案。

任务1　认识直流电动机

任务目标

了解直流电机基本结构。

了解直流电机基本工作原理。

了解他励直流电动机基本运行特性。

任务储备

直流电机是通以直流电流的旋转电机,是电能和机械能相互转换的设备。将机械能转换为直流电能的是直流发电机,将直流电能转换为机械能的是直流电动机。

直流电机具有良好的调速特性和宽广的调速范围,在调速性能和指标要求较高的场合,直流电机得到了广泛的应用。

直流电机的工作原理和直流电机的机械特性是使用直流电机的必备知识;掌握直流电机的调速方法是关键技能点。

要了解和掌握直流电机的工作过程,首先要了解直流发电原理,在此基础上掌握直流电动机工作过程,然后再进一步掌握直流电动机的工作特性以及调速方法。

子任务1　直流电机的工作原理与结构

直流电机是依据导体切割磁感线产生感应电动势和载流导体在磁场中受到电磁力的作用这两条基本原理制造的。因此,从结构上看,任何电机都包括磁路和电路两部分;从原理上讲,任何电机都体现了电和磁的相互作用。

1.1.1　直流电机的工作原理

1. 直流发电机的工作原理

两极直流发电机工作原理如图1-1所示。

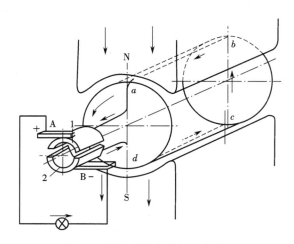

图1-1　两极直流发电机工作原理

1,2—换向片;A,B—电刷;abcd—线圈;N,S—磁极

图中N、S是一对在空间固定不动的磁极,磁极可以由永久磁铁制成,但通常是在磁极铁芯上绕有励磁绕组,在励磁绕组中通入直流电流,即可产生N、S极。在N、S磁极之间装有由铁磁性物质构成的圆柱体,在圆柱体外表的槽中嵌入线圈abcd,整个圆柱体可在磁极内部旋转,整个旋转部分称为转子或电枢。电枢线圈abcd的两端分别与固定在轴上相互绝缘的两个半圆铜环1和2相连接,这两个半圆铜环称为换向片,即构成了简单的换向器。换向器通过静止不动的电刷A和B,将电枢线圈与外电路接通。

电枢由原动机拖动,以恒定转速按逆时针方向旋转,当线圈有效边ab和cd切割磁感线时,便在其中产生感应电动势,其方向用右手定则确定。如图1-1所示瞬间,导体ab中的电动势由b指向a。从整个线圈来看,电动势的方向为由d指向a,故外电路的电流自换向片1流至电刷A,经过负载,流至电刷B和换向片2,进入线圈。此时,电流流出线圈处的电刷A为正电位,用"+"表示;而电流流入线圈处的电刷B则为负电位,用"−"表示。电刷A为正极,电刷B为负极。

电枢旋转180°后,导体ab和cd以及换向片1和2的位置同时互换,电刷A通过换向片2与导体cd相连接,此时由于导体cd取代了原来ab所在的位置,即转到N极下,改变原来电流方向,即由c指向d,所以电刷A的极性仍然为正;同时电刷B通过换向片1与导体ab相连接,而导体ab此时转到S极下,也改变了原来电流方向,由a指向b,因此电刷B的极性仍然为负。通过换向器和电刷的作用,及时地改变线圈与外电路的连接,使线圈产生的交变电动势变为电刷两端方向恒定的电动势,保持外电路的电流按一定方向流动。

由电磁感应定律($E = Blv$),线圈感应电动势 E 的波形与气隙磁感应强度 B 的波形相同,即线圈感应电动势 E 随时间变化的规律与气隙磁感应强度 B 按梯形波形分布相同,如图 1-2 所示。

因此,通过电刷和换向器的作用,在电刷两端所得到的电动势方向不变,但大小却在零与最大值之间脉动,如图 1-3 所示。

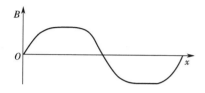

图 1-2　直流发电机气隙磁感应
强度 B 分布波形

图 1-3　直流发电机电枢两端电动势波形

由于线圈只有一匝,此时的电动势很小,如果在直流发电机电枢上均匀分布很多线圈,此时换向片的数目也相应增多,每个线圈两端总的电动势脉动将显著减小,如图 1-4 所示,同时其电动势值也大为增加。由于直流发电机中线圈、换向片数目很多,因此电刷两端的电动势可以认为是恒定的直流电动势。

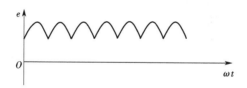

图 1-4　多线圈和多换向片时电刷两端的电动势波形

2. 直流电动机的工作原理

如图 1-5 所示为直流电动机工作原理图,其基本结构与发电机完全相同,只是将直流电源接至电刷两端。当电刷 B 接至电源负极时,电流将从电源正极流出,经过电刷 A、换向片 1、线圈 abcd,到换向片 2 和电刷 B,最后回到电源负极。根据电磁力定律,载流导体在磁场中受到电磁力的作用,其方向由左手定则确定。图 1-5 中导体 ab 所受电磁力方向向左,而导体 cd 所受电磁力方向向右,这样就产生了一个转矩,在转矩的作用下,电枢便按逆时针方向旋转起来。

当电枢从如图 1-5 所示的位置转过 90°时,线圈磁感应强度为零,因而使电枢旋转的转矩消失,但由于机械惯性,电枢仍能转过一个角度,使电刷 A、B 分别与换向片 2、1 接触,于是线圈中又有电流流过。此时电流从电源正极流出,经过电刷 A、换

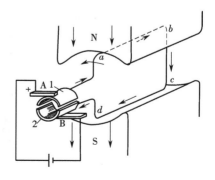

图 1-5　直流电动机工作原理图
1,2—换向片

3

向片 2、线圈 abcd，到换向片 1 和电刷 B，最后回到电源负极。此时导体 ab 中的电流改变了方向，同时导体 ab 已由 N 极下转到 S 极下，其所受电磁力方向向右。同时，处于 N 极下的导体 cd 所受电磁力方向向左。因此，在转矩的作用下，电枢继续沿着逆时针方向旋转，这样电枢便一直旋转下去，这就是直流电动机的基本工作原理。

由此可知，直流电机既可作发电机运行，也可作电动机运行，这就是直流电动机的可逆原理。如果原动机拖动电枢旋转，通过电磁感应，便将机械能转换为电能，供给负载，这就是发电机；如果由外部电源给电机供电，由于载流导体在磁场作用下产生电磁力，建立电磁转矩，拖动负载转动，又成为电动机了。

1.1.2 直流电机的基本结构

直流电机的结构示意图如图 1-6 所示，它由定子和转子两个基本部分组成。其中图 1-6(a)为结构图，图 1-6(b)为轴向截面图。

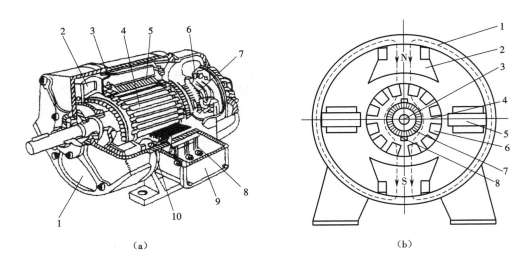

（a）　　　　　　　　　　（b）

图 1-6　直流电机结构示意图

(a)结构图；(b)轴向截面图

(a)1—端盖；2—风扇；3—机座；4—电枢；5—主磁极；6—刷架；7—换向器；

8—接线板；9—出线盒；10—换向器

(b)1—机座；2—主磁极；3—转轴；4—电枢铁芯；5—换向磁极；

6—电枢绕组；7—换向器；8—电刷

1. 定子

定子为直流电机的静止部分，其主要由主磁极、换向磁极、机座、端盖与电刷等装置组成。

（1）主磁极

主磁极由磁极铁芯和励磁绕组组成，磁极铁芯由 1～1.5 mm 厚的低碳钢板冲片叠压铆接而成。当在励磁线圈中通入直流电流后，便产生主磁场。主磁极可以有一对、两对或更多对，它用螺栓固定在机座上。

（2）换向磁极

换向磁极是由铁芯和换向磁极绕组组成的,位于两主磁极之间,是比较小的磁极。其作用是产生附加磁场,以改善电机的换向条件,减小电刷与换向片之间的火花。换向磁极绕组总是与电枢绕组串联,其匝数少、导线粗。换向磁极铁芯通常都用厚钢板叠制而成,在小功率的直流电机中也有不装换向磁极的。

（3）机座

机座由铸钢或厚钢板制成,用来安装主磁极和换向磁极等部件和保护电机,它既是电机的固定部分,又是电机磁路的一部分。

（4）端盖与电刷

在机座的两边各有一个端盖,端盖的中心处装有轴承端盖,其上还固定有电刷架,利用弹簧把电刷压在转子的换向器上。

2. 转子

直流电机的转子又称为电枢,其主要由电枢铁芯、电枢绕组、换向器、转轴和风扇等组成。

（1）电枢铁芯

电枢铁芯通常用 0.5 mm 厚、表面涂有绝缘漆的硅钢片叠压而成,其表面均匀开槽,用来嵌放电枢绕组。电枢铁芯也是直流电机磁路的一部分。

（2）电枢绕组

电枢绕组由许多相同的线圈组成,按一定规律嵌放在电枢铁芯的槽内并与换向器连接,其作用是产生感应电动势和电磁转矩。

（3）换向器

换向器又称整流子,是直流电动机的特有装置。它由许多楔形铜片组成,片间用云母或者其他垫片绝缘,外表呈圆柱体,装在转轴上。每一换向铜片按一定规律与电枢绕组的线圈连接。在换向器的表面压着电刷,使旋转的电枢绕组与静止的外电路相通,其作用是将直流电动机输入的直流电流转换成电枢绕组内的交变电流,进而产生恒定方向的电磁转矩,或是将直流发电机电枢绕组中的交变电动势转换成输出的直流电压。

3. 气隙

气隙是电机磁路的重要组成部分。转子要旋转,定子与转子之间必须要有气隙(一般小型电动机气隙为 0.5 ~ 5 mm,大型电机气隙为 5 ~ 10 mm),称为工作气隙。气隙路径虽短,但由于气隙磁阻远大于一般磁阻,对电机性能有很大影响。

1.1.3　直流电机的励磁方式

直流电机的励磁绕组的供电方式称为励磁方式。按直流电机励磁绕组与电枢绕组连接方式的不同,分为他励直流电机、并励直流电机、串励直流电机与复励直流电机四种,如图1-7 所示。

其中图 1-7(a)为他励直流电机,励磁绕组与电枢绕组分别用两个独立的直流电源供电;图 1-7(b)为并励直流电机,励磁绕组与电枢绕组并联,由同一直流电源供电;图 1-7(c)为串励直流电机,励磁绕组与电枢绕组串联;图 1-7(d)为复励直流电机,既有并励绕组,又有串励绕组。直流电机的并励绕组一般电流较小、导线较细、匝数较多;串励绕组的电流较大、导线较粗、匝数较少,因而不难辨别。

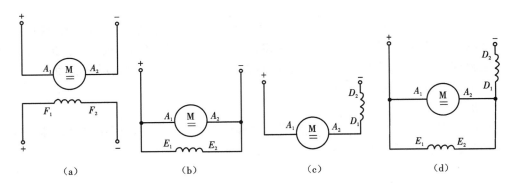

图 1-7 直流电机的励磁方式

(a)他励直流电机;(b)并励直流电机;(c)串励直流电机;(d)复励直流电机

1.1.4 直流电机的铭牌数据和主要系列

1. 直流电机的铭牌数据

每台直流电机的机座上都有一个铭牌,其上标有电机型号和各项额定值,用以表示电机的主要性能和使用条件,表 1-1 为某台直流电动机的铭牌。

表 1-1 某台直流电动机的铭牌表示

型号	Z4 – 112/2 – 1	励磁方式	并励
功率/kW	5.5	励磁电压/V	180
电压/V	440	效率/%	81.190
电流/A	15	定额	连续
转速/(r/min)	3 000	温升/℃	80
出品号数	××××	出厂日期	2001 年 10 月
××××电机厂			

(1)电机型号

电机型号表明电机的系列及主要特点。知道了电机的型号,便可从相关手册及资料中查出该电机的有关技术数据。

(2)额定功率 P_n

额定功率指电机在额定运行时的输出功率,对发电机是指输出的电功率 $P_n = U_n I_n$,对电动机是指输出的机械功率 $P_n = U_n I_n \eta$。

(3)额定电压 U_n

额定电压指额定运行状况下,直流发电机的输出电压或直流电动机的输入电压。

(4)额定电流 I_n

额定电流指额定电压和额定负载时允许电机长期输入(电动机)或输出(发电机)的电流。

(5)额定转速 n_n

额定转速指电动机在额定电压和额定负载时的旋转速度。

（6）电动机额定效率 η_n

电动机额定效率指直流电动机额定输出功率 P_n 与电动机输入功率 UI 比值的百分数。

此外，铭牌上还会标有励磁方式、额定励磁电压、额定励磁电流和绝缘等级等参数。

2. 直流电机的主要系列

由于直流电机应用广泛，型号很多。直流电动机主要系列如下：

Z4 系列——一般用途的小型直流电动机；

ZT 系列——广调速直流电动机；

ZJ 系列——精密机床用直流电动机；

ZTD 系列——电梯用直流电动机；

ZZJ 系列——起重冶金用直流电动机；

ZD2、ZF2 系列——中型直流电动机；

ZQ 系列——直流牵引电动机；

ZH 系列——船用直流电动机；

ZA 系列——防爆安全型直流电动机；

ZLJ 系列——力矩直流电动机。

子任务 2　直流电动机的电磁转矩和电枢电动势

直流电动机是一种在电枢绕组中通入直流电流后，与电动机磁场相互作用产生电磁力，形成电磁转矩使其转子旋转的电动机。而电枢转动时，电枢绕组导体不断切割磁感线，在电枢绕组中产生感应电动势。

1.2.1　电磁转矩

由电磁力公式可知，每根载流导体在电磁场中所受电磁力平均值 $F = BlI$。对于给定的电动机，磁感应强度与每个磁极的磁通成正比，导体电流与电枢电流成正比，而导体在磁极磁场中的有效长度 l 及转子半径等都是固定的，仅取决于电动机的结构，因此直流电动机的电磁转矩的大小可表示为

$$T = C_T \Phi I_a \tag{1-1}$$

式中　C_T——与电动机结构有关的常数；

　　　Φ——每极磁通（Wb）；

　　　I_a——电枢电流（A）；

　　　T——电磁转矩（N·m）。

由式（1-1）可知，直流电动机的电磁转矩 T 与每极磁通 Φ 和电枢电流 I_a 的乘积成正比。电磁转矩的方向由左手定则确定。

直流电动机的转矩 T 与转速 n 及轴上输出功率 P 的关系式为

$$T = 9\,550\,\frac{P}{n} \tag{1-2}$$

式中　P——电动机轴上输出功率（kW）；

　　　n——电动机转速（r/min）；

　　　T——电动机电磁转矩（N·m）。

1.2.2　电枢电动势

当电枢转动时，电枢绕组中的导体在不断切割磁感线，因此每根载流导体中将产生感应

电动势,其大小平均值为 $E = Blv$,其方向由右手定则确定,如图1-8所示。

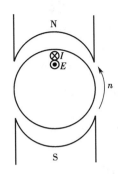

图1-8　电枢电动势和电流方向

将图1-8与图1-5对照,可以看出该电动势的方向与电枢电流的方向相反,因而称为反电动势,对于给定的电流电动机,磁感应强度与每极磁通成正比,导体的运动速度与电枢的转速 n 成正比,而导体的有效长度和绕组匝数都是常数,因此直流电动机两电刷间总的电枢电动势的大小为

$$E_a = C_e \Phi n \tag{1-3}$$

式中　C_e——与电动机结构有关的另一常数;

Φ——每极磁通(Wb);

n——电动机转速(r/min);

E_a——电枢电动势(V)。

由此可知,直流电动机在旋转时,电枢电动势 E_a 的大小与每极磁通 Φ 和电动机转速 n 的乘积成正比,它的方向与电枢电流方向相反,在电路中起着限制电流的作用。

子任务3　他励直流电动机的运行原理与机械特性

图1-9所示为一台他励直流电动机结构示意图和电路图,电枢电动势 E_a 为反电动势,与电枢电流 I_a 方向相反;电磁转矩 T 为拖动转矩,方向与电动机转速 n 的方向一致;T_L 为负载转矩;T_0 为空载转矩,方向与 n 方向相反。

1.3.1　直流电动机的基本方程式

直流电动机的基本方程式是指直流电动机稳定运行时电路系统的电动势平衡方程式、机械系统的转矩平衡方程式和能量转换过程中的功率平衡方程式。这些方程式反映了直流电动机内部的电磁过程,也表达了电动机内外的机电能量转换,说明了直流电动机的运行原理。

1. 电动势平衡方程式

由基尔霍夫定律可知,在电动机电枢电路中存在如下的回路电压方程式:

$$U = E_a + I_a R_a \tag{1-4}$$

式中　U——电枢电压(V);

I_a——电枢电流(A);

R_a——电枢回路中总电阻(Ω)。

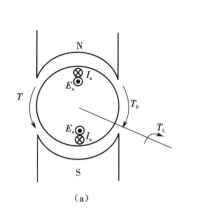
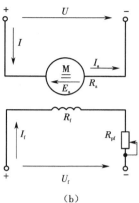

（a）　　　　　　　　　　　（b）

图1-9　他励直流电动机结构示意图和电路图

（a）结构示意图；（b）电路图

2. 功率平衡方程式

直流电动机输入的电功率是不可能全部转换成机械功率的，因为在转换的过程中存在着各种损耗。按其性质可分为机械损耗 P_m、铁芯损耗 P_{Fe}、铜损耗 P_{Cu} 和附加损耗 P_s 四种。

（1）机械损耗 P_m

电动机旋转时，必须克服摩擦阻力，因此产生机械损耗。其中有轴与轴承的摩擦损耗以及转动部分与空气的摩擦损耗等。

（2）铁芯损耗 P_{Fe}

当直流电动机旋转时，电枢铁芯因其中磁场反复变化而产生的磁滞损耗和涡流损耗统称为铁芯损耗。

上述机械损耗 P_m 和铁芯损耗 P_{Fe} 在直流电动机转起来尚未带负载时就存在，故上述两种损耗之和称为空载损耗 P_0，即

$$P_0 = P_m + P_{Fe} \tag{1-5}$$

由于机械损耗 P_m 与铁芯损耗 P_{Fe} 都会产生与旋转方向相反的制动转矩，该转矩将抵消一部分拖动转矩，因此这个制动转矩称为空载转矩。

（3）铜损耗 P_{Cu}

当直流电动机运行时，在电枢回路和励磁回路中都有电流经过，因此在绕组电阻上产生的损耗称为铜损耗。

（4）附加损耗 P_s

附加损耗又称杂散损耗，其值很难计算和测定，一般取（0.5% ~ 1%）P_n（P_n 为电动机的额定功率）。

由此可知，直流电动机总损耗

$$\sum P = P_m + P_{Fe} + P_{Cu} + P_s \tag{1-6}$$

当他励直流电动机接上电源时，电枢绕组流过电流 I_a，电网向电动机输入的电功率

$$P_1 = UI = UI_a = (E_a + I_a R_a)I_a = E_a I_a + I_a^2 R_a = P_{em} + P_{Cua} \tag{1-7}$$

输入的电功率 P_1 一部分被电枢绕组消耗（电枢铜损）P_{Cua}，一部分转换成机械功率 P_{em}。

从上述分析可知，电动机旋转后，还要克服各类摩擦引起的机械损耗 P_m 和电枢铁芯损

耗 P_{Fe} 以及附加损耗 P_s,而大部分从电动机轴上输出,故电动机输出的机械功率

$$P_2 = P_{em} - P_{Fe} - P_m - P_s \tag{1-8}$$

若忽略附加损耗,则输出机械功率

$$P_2 = P_{em} - P_{Fe} - P_m = P_{em} - P_0 \tag{1-9}$$

$$= P_1 - P_{Cua} - P_0$$

$$= P_1 - \sum P \tag{1-10}$$

则直流电动机的效率

$$\eta = \frac{P_2}{P_2 + \sum P} \times 100\% \tag{1-11}$$

一般中小型直流电动机的效率为 $75\% \sim 85\%$,大型直流电动机的效率为 $85\% \sim 94\%$。他励直流电动机的功率平衡关系可用功率流程图来表示,如图 1-10 所示。

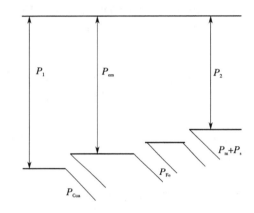

图 1-10　他励直流电动机功率流程图

3. 转矩平衡方程式

将式(1-9)等号两边同除以电动机的机械角速度 Ω,可得转矩平衡方程式:

$$\frac{P_2}{\Omega} = \frac{P_{em}}{\Omega} - \frac{P_0}{\Omega} \tag{1-12}$$

即　　　　　　　　　　　　$T_2 = T - T_0$

或　　　　　　　　　　　　$T = T_2 + T_0$

式中　T——电动机电磁转矩($N \cdot m$);

　　　T_2——电动机轴上输出的机械转矩(负载转矩)($N \cdot m$);

　　　T_0——空载转矩($N \cdot m$)。

由于空载转矩仅为电动机额定转矩的 $2\% \sim 5\%$,所以在重载或额定负载下常忽略不计,则负载转矩近似与电磁转矩相等。

1.3.2　他励直流电动机的机械特性

直流电动机的机械特性是在稳定运行情况下,电动机的转速与电磁转矩之间的关系,即 $n = f(T)$。机械特性是电动机的主要特性,是分析电动机启动、调速、制动的重要工具。

1. 他励直流电动机的机械特性方程式

由他励直流电动机电动势平衡方程式

$$U = E_a + I_a(R_a + R_{pa}) = E_a + RI_a$$

式中 R_{pa}——电枢回路串联电阻(Ω)。

又由 $E_a = C_e \Phi n$，可得

$$n = \frac{U - I_a R}{C_e \Phi}$$

再由 $T = C_T \Phi I_a$，得 $I_a = T/(C_T \Phi)$，最终可得机械特性方程式

$$n = \frac{U}{C_e \Phi} - \frac{TR}{C_e C_T \Phi^2} \tag{1-13}$$

式中 C_e、C_T——由电动机结构决定的常数。

当 U、R 数值不变时，转速 n 与电磁转矩 T 为线性关系，其机械特性曲线如图 1-11 所示。由图可知，式(1-13)还可以写成：

$$n = n_0 - \beta T = n_0 - \Delta n \tag{1-14}$$

式中 n_0——电磁转矩 $T = 0$ 时的转速，称为理想空载转速，$n_0 = \dfrac{U}{C_e \Phi}$(r/min)，电动机实际

上空载运行时，由于 $T = T_0 \neq 0$，所以实际空载转速 n_0' 略小于理想空载转速 n_0；

β——机械特性斜率，$\beta = \dfrac{R}{C_e C_T \Phi^2}$，在同一 n_0 下，β 值较小时，转速随电磁转矩的变化

较小，称此特性为硬特性，β 值越大，表明直线倾斜越厉害，称此特性为软特性；

Δn——转速降，$\Delta n = \dfrac{R}{C_e C_T \Phi^2} T$(r/min)。

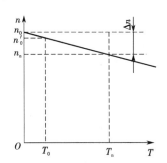

图 1-11 他励直流电动机机械特性曲线

当电动机负载变化时，如增大，则电动机转速下降，电动机的电磁转矩也随之增大，直至新的稳定工作点，此时转速降为 Δn，且斜率 β 越大，转速下降越快。

2. 他励直流电动机的固有机械特性

当他励直流电动机的电源电压、磁通为额定值，电枢回路未附加电阻时的机械特性称为固有机械特性，其特性方程式为

$$n = \frac{U}{C_e \Phi_n} - \frac{R}{C_e C_T \Phi_n^2} T \tag{1-15}$$

由于电枢绕组的电阻 R_a 阻值很小，而 Φ_n 值大，因此 Δn 很小，固有机械特性为硬特性。

3. 他励直流电动机的人为机械特性

人为地改变电动机气隙磁通 Φ、电源电压 U 和电枢回路串联电阻 R_{pa} 等参数，获得的机械特性为人为机械特性。

（1）电枢回路串联电阻 R_{pa} 时的人为机械特性

电枢回路串联电阻 R_{pa} 时的人为机械特性方程式为

$$n = \frac{U_n}{C_e \Phi_n} - \frac{R_a + R_{pa}}{C_e C_T \Phi_n^2} T \tag{1-16}$$

与固有机械特性相比，电枢回路串联电阻 R_{pa} 时的人为机械特性的特点为：

1）理想空载转速 n_0 保持不变；

2）机械特性的斜率 β 随 R_{pa} 的增大而增大，特性曲线变软。

图 1-12 为不同 R_{pa} 时的一组人为机械特性曲线，从图中可以看出改变电阻 R_{pa} 的大小，可以使电动机的转速发生变化，因此电枢回路串联电阻可用于调速。

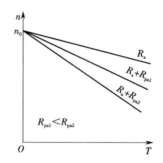

图 1-12　他励直流电动机电枢回路串联电阻的人为机械特性

（2）改变电源电压时的人为机械特性

当 $\Phi = \Phi_n$，电枢回路不串联电阻（即 $R_{pa} = 0$）时，改变电源电压的人为机械特性方程式为

$$n = \frac{U}{C_e \Phi_n} - \frac{R_a}{C_e C_T \Phi_n^2} T \tag{1-17}$$

由于受到绝缘强度的限制，电源电压只能从电动机额定电压 U_n 向下调节。与固有机械特性相比，改变电源电压的人为机械特性的特点为：

1）理想空载转速 n_0 正比于电压 U，U 下降时，n_0 成正比例减小；

2）特性曲线斜率 β 不变。

图 1-13 为调节电源电压的一组人为机械特性，它是一组平行直线。因此，降低电源电压也可用于调速，U 越低，转速越低。

（3）改变磁通时的人为机械特性

保持电动机的电枢电压 $U = U_n$，电枢回路不串联电阻（即 $R_{pa} = 0$）时，改变磁通的人为机械特性方程式为

$$n = \frac{U_n}{C_e \Phi} - \frac{R_a}{C_e C_T \Phi^2} T \tag{1-18}$$

由于电机设计时，Φ_n 处于磁化曲线的膝部，接近饱和段，因此磁通只可从 Φ_n 往下调

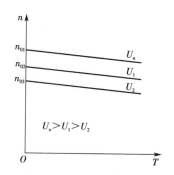

图 1-13　他励直流电动机改变电源电压的人为机械特性

节,也就是调节励磁回路串接的可变电阻 R_{pf} 使其增大,从而减小励磁电流 I_f,继而减小磁通 Φ。与固有机械特性相比,改变磁通的人为机械特性的特点为:

1)理想空载转速与磁通成反比,减弱磁通 Φ,n_0 升高;

2)斜率 β 与磁通二次方成反比,减弱磁通,使斜率增大。

图 1-14 为减弱磁通的一组人为机械特性。

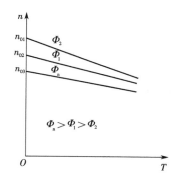

图 1-14　他励直流电动机减弱磁通的人为机械特性

子任务 4　他励直流电动机的启动和反转

生产机械对直流电动机的要求是:启动转矩 T_{st} 足够大,因为只有 T_{st} 大于负载转矩 T_L 时,电动机方可顺利启动;启动电流 I_{st} 不可太大;启动设备操作方便,启动时间短,运行可靠,成本低廉。

1.4.1　他励直流电动机启动方法

1. 全压启动

全压启动是在电动机磁场磁通为 Φ_n 情况下,在电动机电枢上直接加以额定电压的启动方式。启动瞬间,电动机转速 $n=0$,电枢绕组感应电动势 $E_a = C_e\Phi_n n = 0$。由电动势平衡方程式 $U = E_a + R_a I_a$ 可知,启动电流

$$I_{st} = \frac{U_n}{R_a} \tag{1-19}$$

则启动转矩

$$T_{st} = C_e \Phi_n n I_{st} \tag{1-20}$$

由于电枢电阻 R_a 阻值很小，额定电压下直接启动的启动电流很大，通常可达额定电流的 $10 \sim 20$ 倍，启动转矩也很大。过大的启动电流会引起电网电压下降，影响其他用电设备的正常工作，同时电动机自身的换向器产生剧烈的火花，而过大的启动转矩可能会使轴受到不允许的机械冲击。所以全压启动只限于容量很小的直流电动机。

2. 减压启动

减压启动是启动前将施加在电动机电枢两端的电源电压降低，以减小启动电流 I_{st}，为了获得足够大的启动转矩，启动电流通常限制在 $(1.5 \sim 2)I_n$ 内，则启动电压

$$U_{st} = I_{st} R_a = (1.5 \sim 2) I_n R_a \tag{1-21}$$

随着转速 n 的上升，电动势 E_a 逐渐增大，I_a 相应减小，启动转矩也减小。为使 I_{st} 保持在 $(1.5 \sim 2)I_n$ 范围内，即保证有足够大的启动转矩，启动过程中电压 U 必须逐渐升高，直到升到额定电压 U_n，电动机进入稳定运行状态，启动过程结束。目前多采用晶闸管整流装置自动控制启动电压。

3. 电枢回路串联电阻启动

电动机电源电压为额定值且恒定不变时，在电枢回路中串接一个启动电阻 R_{st} 来达到限制启动电流的目的，此时启动电流

$$I_{st} = \frac{U_n}{R_a + R_{st}} \tag{1-22}$$

启动过程中，由于转速 n 上升，电枢电动势 E_a 上升，启动电流 I_{st} 下降，启动转矩 T_{st} 下降，电动机的加速度作用逐渐减小，致使转速上升缓慢，启动过程延长。要想在启动过程中保持加速度不变，必须要求电动机的电枢电流和电磁转矩在启动过程中保持不变，即随着转速上升，启动电阻应平滑均匀地减小。生产实际中往往是把启动电阻分为若干段，来逐渐改变。图 1-15 为他励直流电动机自动启动电路图，图中 R_{st4}、R_{st3}、R_{st2}、R_{st1} 为各级串入的启动电阻，KM 为电枢线路接触器，KM1 ~ KM4 为启动接触器，用它们的常开主触头来短接各段电阻。启动过程机械特性如图 1-16 所示。

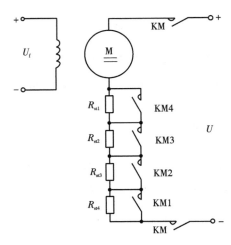

图 1-15　他励直流电动机电枢回路串联电阻启动控制主电路图

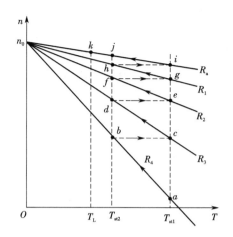

图 1-16　他励直流电动机 4 级启动机械特性

在电动机励磁绕组通电后,再接通线路接触器 KM 线圈,其常开触头闭合,电动机接上额定电压 U_n,此时电枢回路串入全部启动电阻 $R_4 = R_a + R_{st1} + R_{st2} + R_{st3} + R_{st4}$ 启动,启动电流 $I_{st1} = U_n/R_4$,产生的启动转矩 $T_{st1} > T_L(T_L = T_n)$。电动机从 a 点开始启动,转速沿特性曲线上升至 b 点,随着转速上升,反电动势 $E_a = C_e\Phi_n n$ 上升,电枢电流减小,启动转矩减小,当减小至 T_{st2} 时,接触器 KM1 线圈通电吸合,其触头闭合,短接第 1 级启动电阻,电动机由 R_4 的机械特性切换到 $R_3 = R_a + R_{st1} + R_{st2} + R_{st3}$ 的机械特性。切换瞬间,由于机械惯性,转速不能突变,电动势 E_a 保持不变,电枢电流突然增大,转矩也成比例突然增大,恰当地选择电阻,使其增加至 T_{st1},电动机运行点从 b 点过渡至 c 点,从 c 点沿 cd 曲线继续加速到 d 点,KM2 触头闭合,切除第 2 级启动电阻 R_{st3},电动机运行点从 d 点过渡到 e 点,电动机沿 ef 曲线加速,如此周而复始,依次使接触器 KM3、KM4 触头闭合,电动机由 a 点经 b、c、d、e、f、g、h 点到达 i 点。此时,所有启动电阻均被切除,电动机进入固有机械特性曲线运行并继续加速至 k 点。在 k 点 $T = T_L$,电动机稳定运行,启动过程结束。

由上述分析可知,电枢电路串联电阻启动与绕线转子三相异步电动机转子串联电阻启动相似。于是,电动机启动时获得均匀加速,减少机械冲击,应合理选择各级电阻,以使每一级切换转矩 T_{st1}、T_{st2} 数值相同。

1.4.2　他励直流电动机反转

要使他励直流电动机反转也就是使电磁转矩方向改变,而电磁转矩的方向是由磁通方向和电枢电流方向决定的。所以,只要将磁通 Φ 和 I_a 任意一个参数改变方向,电磁转矩就会改变方向。在电气控制中,使直流电机反转的方法有以下两种。

1. 改变励磁电流方向

保持电枢两端极性不变,将电动机励磁绕组反接,使励磁电流反向,从而使磁通方向改变。

2. 改变电枢电压极性

保持励磁绕组电压极性不变,将电动机电枢绕组反接,电枢电流即改变方向,从而使磁通方向改变。

由于他励直流电动机的励磁绕组匝数多、电感大,励磁电流从正向额定值变到负向额定值的时间长,反应过程缓慢,而且在励磁绕组反接断开瞬间,绕组中将产生很大的自感电动势,可能造成绝缘击穿。所以,实际应用中大多采用改变电枢电压极性的方法来实现电动机的反转。但在电动机容量很大,对反转过程快速性要求不高的场合,由于励磁电路的电流和功率小,为减小控制电器容量,也可采用改变励磁绕组极性的方法实现电动机的反转。

子任务5 他励直流电动机的制动

他励直流电动机的电气制动是使电动机产生一个与旋转方向相反的电磁转矩,阻碍电动机转动。在制动过程中,要求电动机制动迅速、平滑、可靠、能量损耗少。

常用的电气制动方法有能耗制动、反接制动和发电回馈制动。此时电动机电磁转矩与转速的方向相反,其机械特性在第Ⅱ、Ⅳ象限内。

1.5.1 能耗制动

1. 制动原理

能耗制动是把正处于电动机运行状态的他励直流电动机的电枢从电网上切除,并接到一个外加的制动电阻 R_{bk} 上构成闭合回路,其控制电路如图1-17(a)所示。制动时,保持磁通大小、方向均不变,接触器 KM 线圈断电释放,其常开触头断开,切断电枢电源;当常闭触头闭合,电枢接入制动电阻时,电动机进入制动状态,如图1-17(b)所示。

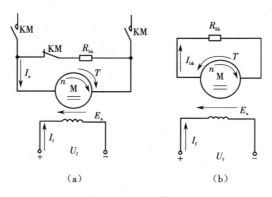

图 1-17 能耗制动

(a)能耗制动控制电路图;(b)能耗制动电路图

电动机制动开始瞬间,由于惯性作用,转速 n 仍保持原电动状态时的方向和大小,电枢电动势 E_a 亦保持电动状态时的大小和方向,但由于此时电枢电压 $U=0$,因此电枢电流为负值,其方向与电动状态时的电枢电流反向,称为制动电流 I_{bk},由此产生的电磁转矩 T 与转速 n 方向相反,成为制动转矩,在其作用下电动机迅速停转。在制动过程中,电动机把拖动系统的动能转变为电能并消耗在电枢回路的电阻上,故称为能耗制动。此时

$$I_a = \frac{U - E_a}{R_a + R_{bk}} = -\frac{E_a}{R_a + R_{bk}} \tag{1-23}$$

2. 机械特性

将 $U=0$,$R = R_a + R_{bk}$ 代入式(1-13)中,便可获得能耗制动的机械特性方程:

$$n = \frac{0}{C_e \Phi_n} - \frac{R_a + R_{bk}}{C_e \Phi_n^2 C_T}T = -\frac{R_a + R_{bk}}{C_e \Phi_n^2 C_T}T \tag{1-24}$$

　　能耗制动机械特性曲线是一条过坐标原点、位于第 Ⅱ 象限的直线,如图 1-18 所示。若原电动机拖动反抗性恒转矩负载运行在电动状态的 a 点,当进行能耗制动时,在制动切换瞬间,由于转速 n 不能突变,电动机的工作点从 a 点过渡至 b 点,此时电磁转矩反向,与负载转矩同方向,在它们的共同作用下,电动机沿 bO 曲线减速。随着 $n\downarrow\rightarrow E_a\downarrow\rightarrow I_a\downarrow\rightarrow$ 制动电磁转矩 $T\downarrow\rightarrow$ 直至 $n=0, E_a=0, I_a=0, T=0$,电动机迅速停车。

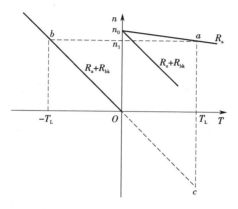

图 1-18　能耗制动机械特性曲线

　　若电动机拖动的是位能性负载,如图 1-19 所示,下放重物采用能耗制动时,从 $a\rightarrow b\rightarrow O$ 为其能耗制动过程,与上述电动机拖动反抗性负载时完全相同。但在 O 点,$T=0$,拖动系统在位能负载转矩 T_L 作用下开始反转,n 反向,E_a 反向,I_a 反向,T 反向,这时机械特性进入第 Ⅳ 象限,如图 1-18 中虚线 Oc 所示,随着转速的增加,电磁转矩 T 也增加,直到 c 点,$T=T_L$,电动机获得稳定运行,重物被匀速放下。此状态称为稳定能耗制动运行。

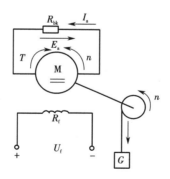

图 1-19　电动机拖动位能性负载能耗制动电路图

1.5.2　反接制动

　　反接制动有电枢反接制动和倒拉反接制动两种方式。

1. 电枢反接制动

（1）制动原理

　　电枢反接制动是将电枢反接在电源上,同时电枢回路要串接制动电阻,控制电路如图 1-20(a)所示。当接触器 KM1 线圈接触吸合,KM2 线圈断电释放时,KM1 常开触头闭合,KM2 常开触头断开,电动机稳定运行在 a 点的电动状态。而当 KM1 线圈断电释放,KM2 通电吸合时,由于 KM1 常开触头断开,KM2 常开触头闭合,把电枢反接,并串入限制反接制动电流的制动电阻 R_{bk}。

电枢电源反接瞬间,转速 n 因惯性不能突变,电枢电动势 E_a 亦不变,但电枢电压 U 反向,此时电枢电流 I_a 为负值,式(1-25)表明制动使电枢电流反向,那么电磁转矩也反向,与转速方向相反,电动机处于制动状态。在电磁转矩 T 与负载转矩 T_L 共同作用下,电动机转速迅速下降。

$$I_a = \frac{-U_n - E_a}{R_a + R_{bk}} = -\frac{U_n + E_a}{R_a + R_{bk}} \tag{1-25}$$

(2)机械特性

将电枢反接制动时,$U = -U_n$,$R = R_a + R_{bk}$,代入式(1-13)中得

$$n = \frac{-U_n}{C_e \Phi_n} - \frac{R_a + R_{bk}}{C_e \Phi_n^2 C_T} T = -n_0 - \frac{R_a + R_{bk}}{C_e \Phi_n^2 C_T} T \tag{1-26}$$

或由 $E_a = C_e \Phi_n n$ 得

$$n = -\frac{-U_n - I_{bk}(R_a + R_{bk})}{C_e C_T} T \tag{1-27}$$

机械特性曲线如图 1-20(b)所示。电枢反接制动时,电动机的工作点从电动状态 a 点过渡到 b 点,电磁转矩对电动机进行制动,使电动机转速迅速降低,从 b 点沿制动特性曲线下降到 c 点,此时 $n = 0$,若要求停车,必须马上切断电源,否则将进入反向启动。若要求电动机反向运行,且负载为反抗性恒转矩负载,当 $n = 0$ 时,若电磁转矩 $|T| < |T_L|$,则电动机堵转;若 $|T| > |T_L|$,电动机将反向启动,沿特性曲线至 d 点,$-T = -T_L$,电动机稳定运行在反向电动状态。如果负载为位能性恒转矩负载,电动机反向旋转,转速继续升高到 e 点,在反向发电回馈制动状态下稳定运行。

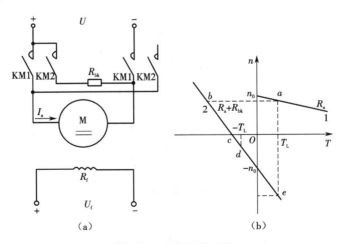

图 1-20 电枢反接制动

(a)控制电路图;(b)机械特性

2. 倒拉反接制动

倒拉反接制动过程为假设电动机拖动一个位能性负载运行,制动时电枢回路中串入一个较大的电阻,电枢电流减小,电磁转矩随之减小,系统沿着由电阻 R 决定的人为特性减

速,当速度降至 $n = 0$ 时,堵转矩小于负载转矩,则在负载作用下,电动机将被迫反转,并反向加速,电枢电流未随转向反向,但随着转速升高而增加,制动性电磁转矩随之增加,系统进入稳定运行状态。这时电磁转矩与实际旋转方向相反,故这种制动称为倒拉反接制动。

倒拉反接制动的能量平衡关系与电压反接制动完全相同。对于倒拉反接制动的机械特性方程式应该与电压反接制动状态时一样,因为它仅仅是在电枢回路中串接了较大电阻 R,在位能负载的作用下,是电动机在正转电动状态下机械特性向第Ⅳ象限的延伸段。这种方法常用于起重设备低速放下重物的场合。

子任务 6　他励直流电动机的调速

由直流电动机机械特性方程式(1-13)可知,人为地改变电枢电压 U、电枢回路总电阻 R 和每级磁通 Φ,都可改变转速 n。所以直流他励电动机的调速方法有降压调速、电枢回路串联电阻调速和减弱磁通调速三种。

1.6.1　改变电枢回路串联电阻的调速

由电枢回路串接电阻 R_{pa} 时的人为机械特性方程式可画出不同 R_{pa} 值的人为机械特性曲线,如图 1-21 所示。

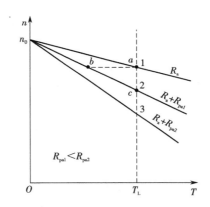

图 1-21　他励直流电动机电枢串联电阻的人为机械特性曲线

从图 1-21 中可以看出,串入的电阻越大,曲线的斜率越大,机械特征越软。在负载转矩 T_L 下,当电枢未串入电阻 R_{pa} 时,电动机稳定运行在固有特性曲线 1 的 a 点上;当电阻 R_{pa1} 接入电枢电路瞬间,因惯性电动机转速不能改变,工作点从 a 点过渡到人为特性曲线 2 的 b 点,此时电枢电流因 R_{pa1} 的串入而减小,电磁转矩减小,$T < T_L$,电动机减速,电枢电动势 E_a 减小,电枢电流 I_a 回升,T 增大,直到 $T = T_L$,电动机在特性曲线 2 的 c 点稳定运行,显然 $n_c < n_a$。

电枢串联电阻调速的特点如下。

1)串入电阻后转速只能降低,且串入电阻越大,特性越软,特别是在低速运行时,负载波动引起电动机的转速波动很大。因此低速运行的下限受到限制,其调速范围也受到限制,一般小于或等于 2。

2)串入电阻一般是分段串入,使其调速是有级调速,调速的平滑性差。

3)电阻串联在电枢电路中,而电枢电流大,从而使调速电阻消耗的能量大,不经济。

19

4）电枢串联电阻调速方法简单,设备投资少。

这种调速方法适用于小容量电动机调速。但调速电阻不能用启动变阻器代替,因为启动电阻是短时使用的,而调速电阻则是连续工作的。

1.6.2 降低电枢电压调速

由降低电枢电压人为机械特性方程式(1-13)画出降压后的人为机械特性曲线如图1-22所示。

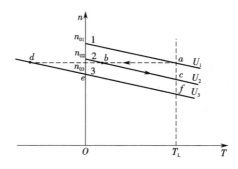

图1-22 他励直流电动机降压调速的人为机械特性曲线

降压调速的物理过程:在负载转矩 T_L 下,电动机稳定运行在固有特性曲线1的 a 点,若突然将电枢电压从 $U_1 = U_n$ 降至 U_2,因机械惯性,转速不能突变,电动机由 a 点过渡到特性曲线2上的 b 点,此时 $T < T_L$,电动机立即进行减速。随着 n 的下降,电动势 E_a 下降,电枢电流 I_a 回升,电磁转矩 T 上升,直到特性曲线2的 c 点,$T = T_L$,电动机以较低转速 n 稳定运行。

若降压幅度较大时,如从 U_1 突然降到 U_3,电动机由 a 点过渡到 d 点,由于 $n_d > n_{03}$,电动机进入发电回馈制动状态,直至 e 点。当电动机减速至 e 点时,$E_a = U_3$,电动机重新进入电动状态继续减速直至特性曲线3的 f 点,电动机以更低的转速稳定运行。

降压调速的特点如下。

1）降压调速机械特性硬度不变,调速性能稳定,调速范围广。

2）电源电压便于平滑调节,故调速平滑性好,可实现无级调速。

3）降压调速是通过减小输入功率来降低转速的,故低速时损耗减小,调速经济性好。

4）调节电源设备较复杂。

由于降压调速性能好,故被广泛用于自动控制系统中。

1.6.3 减弱磁通调速

在电动机励磁电路中,通过串接可调电阻 R_{pf},改变励磁电流,从而改变磁通 Φ 的大小来调节电动机转速。由减弱磁通调速人为机械特性方程式(1-13)可画出如图1-23所示机械特性曲线。

减弱磁通调速的物理过程:若电动机原在 a 点稳定运行,当磁通 Φ 从 Φ_1 突然降至 Φ_2 时,由于机械惯性,转速来不及变化,则电动机由 a 点过渡到 b 点,此时 $T > T_L$,电动机立即加速,随着转速的提高,E_a 增大,I_a 下降,T 下降至 c 点,$T = T_L$,电动机以新的较高的转速稳定运行。而 Φ 由 Φ_2 突然增至 Φ_1 时,将会出现一段发电回馈制动。

减弱磁通调速的特点如下。

1）减弱磁通调速机械特性变软,随着 Φ 的减小 n 加大,但受电动机换向和机械强度限

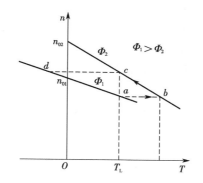

图 1-23　他励直流电动机减弱磁通调速的机械特性曲线

制,调速上限受限制,故调速范围不大。

2)调速平滑,可实现无级调速。

3)由于减弱磁通调速是在励磁回路中进行的,故能量损耗小。

4)控制方便,控制设备投资少。

他励直流电动机调速性能和应用场合如表 1-2 所示,可根据生产机械调速要求合理选择调速方法。

表 1-2　他励直流电动机调速方法比较

调速方法	调速范围 D	相对稳定性	平滑性	经济性	应　用
串电阻调速	在额定负载 $D=2$,轻载时 D 更小	差	差	调速设备投资少,电能损耗大	对调速性能要求不高的场合,适用于与恒转矩负载配合
降压调速	一般为 8 左右,100 kW 以上电动机可达 10 左右,1 kW 以下的电动机为 3 左右	好	好	调速设备投资大,电能损耗小	对调速要求高的场合,适用于与恒转矩负载配合
减弱磁通调速	一般直流电动机为 1.2 左右,变磁通电动机最大可达 4	较好	好	调速设备投资少,电能损耗小	一般与降压调速配合使用,适用于与恒功率负载配合

知识拓展

1. 电机调速的概念

电机调速分为有级调速和无级调速。

有级调速通过电机电极数目的变化和机械传动装置进行。

无级调速是指机电传动速度在一定的控制条件下,工作机构能够实现任意连续的速度变化,无级调速可通过机械传动、流体传动或电气传动等方式来实现。电气无级调速实际上是通过不同的电气控制系统对直流电动机和交流电动机进行控制(改变电压、频率等参数),使其输出轴的转速连续而任意地变化,分别称为直流调速和交流调速。

由于直流电动机具有良好的调速特性和宽广的调速范围,所以在调速性能指标要求较高的场合,直流调速系统得到了广泛的应用。

交流异步电动机结构简单、价格低廉、运行可靠,在机电传动中得到了广泛应用。异步电动机采用变频调速方法后,调速范围广,系统效率高。因此,交流异步电动机变频调速是交流调速的主要发展方向。下面介绍直流调速系统和交流变频调速的有关概念。

2. 调速静态技术指标

无级调速静态技术指标主要有静差率和调速范围两项,还有平滑性和经济性等指标。

（1）静差率

如图 1-24 所示,电动机在某一机械特性曲线状态下运行时,额定负载下所产生的转速降落 Δn 与理想空载转速 n_0 之比,称为静差率,用 S 表示,即 $S = \Delta n / n_0$。

静差率表示电动机运行时转速的稳定程度。在 n_0 相同时,电动机的机械特性越硬,Δn 越小,则静差率越小,电动机的相对稳定性就越高。静差率除与机械特性硬度有关外,还与 n_0 成反比。对于同样硬度的机械特性,如图 1-24 中的特性曲线 1 和 2,虽然 Δn 相等,但静差率不同,$S_2 > S_1$。在机电设备运转时,为了保证转速的稳定性,要求 S 应小于某一允许值。由于低速时 S 较大,因此电动机最低转速的调节受到允许静差率的限制。

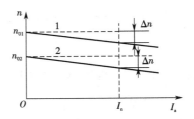

图 1-24　电动机在某一机械特性曲线状态下运行

（2）调速范围

电动机在额定负载下调速时,允许的最高转速 n_{max} 与最低转速 n_{min} 之比,称为调速范围,用 D 表示,即 $D = n_{max} / n_{min}$。

对于调速性能要求较高的系统,希望调速范围 D 大一些,因此必须采用闭环系统,可参考有关内容。

（3）平滑性

在一定范围内,调速的级数越多,则认为调速越平滑。平滑性用平滑系数 φ 来衡量,它是相邻两级转速之比,即

$$\varphi = n_i / n_{i-1}$$

比值越接近于 1,则系统调速的平滑性越好。当 $\varphi = 1$ 时,称为无级调速,即转速可以连续调节,采用降压、减弱磁通等调速的方法可以实现无级调速。

（4）经济性

主要考虑设备的初投资、调速时电能的损耗及运行的维修费用等。

思考与练习

1）直流电机中为何要用电刷和换向器,它们有何作用?

2）简述直流电动机的工作原理。

3）直流电动机的励磁方式有哪几种？画出其电路。

4）试写出直流电动机的基本方程式，说明它们的物理意义。

5）何谓直流电动机的机械特性，写出他励直流电动机的机械特性方程式。

6）何谓直流电动机的固有机械特性与人为机械特性。

7）写出他励直流电动机各种人为机械特性方程式，画出人为机械特性曲线，并分析其特点。

8）直流电动机为什么通常不允许采用全压启动？

9）试分析他励直流电动机电枢串电阻启动的物理过程。

10）他励直流电动机实现反转的方法有哪两种？实际应用中大多采用哪种方法？

11）他励直流电动机电气制动有哪几种？

12）何谓能耗制动？其特点是什么。

13）试分析电枢反接制动工作原理。

14）试分析倒拉反接制动工作原理。

15）何谓发电回馈制动？其出现在何情况下？

16）他励直流电动机调速方法有哪几种？各种调速方法的特点是什么？

17）试定性地画出各种电气制动机械特性曲线。

任务 2　直流电动机的控制

任务目标

掌握直流电动机启动控制方法。

掌握直流电动机正反转控制方法。

掌握直流电动机制动控制方法。

掌握直流电动机的调速控制方法。

知识储备

直流电机具有良好的启动、制动和调速性能，对其容易实现各种运行状态的控制，因此获得广泛的应用。直流电动机有串励、并励、复励和他励 4 种形式，其控制电路基本相同。本节仅讨论他励直流电动机的启动、反向、制动及调速控制电气控制电路。

按照任务 1 对直流电动机工作特性的分析，首先进行直流电动机单向转动控制的学习，然后进行双向控制的学习，最后学习用机床控制电路方法进行调速控制。

子任务 1　直流电动机单向旋转启动电路

图 1-25 为直流电动机电枢串二级电阻单向旋转启动电路。图中 KM1 为线路接触器，KM2、KM3 为短接启动电阻接触器，KA1 为过电流继电器，KA2 为欠电流继电器，KT1、KT2 为时间继电器，R_1、R_2 为启动电阻，R_3 为放电电阻。

电路工作原理：合上励磁与控制电路电源开关 Q2 后，再合上电动机电枢电源开关 Q1，KT1 线圈通电，其常闭触头断开，切断 KM2、KM3 线圈电路，确保启动时将电阻 R_1、R_2 全部

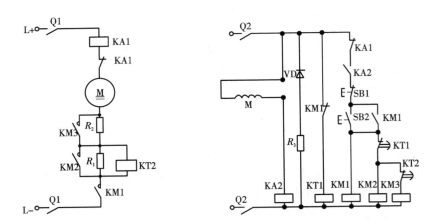

图 1-25 直流电动机电枢串二级电阻单向旋转启动电路

串入电枢回路,按下启动按钮 SB2,KM1 线圈通电并自锁,主触头闭合,接通电枢回路,电枢串入二级启动电阻启动;同时 KM1 常闭辅助触头断开,KT1 线圈断电,短接电枢回路,启动电阻 R_1、R_2 做准备;在电动机串入 R_1、R_2 启动的同时,并接在电阻两端的 KT2 线圈通电,其常闭触头断开,使 KM3 线圈电路处于断开状态,确保 R_2 串入电枢电路。

经一段时间延时后,KT1 常闭断电延时闭合触头闭合,KM2 线圈通电吸合,主触头短接电阻 R_1,电动机转速升高,电枢电流减小。为保持一定的加速转矩,启动中应逐级切除电枢启动电阻。就在 R_1 被 KM2 主触头短接的同时,KT2 线圈断电释放,再经一定时间的延时,KT2 常闭断电延时闭合触头闭合,KM3 线圈通电吸合,KM3 主触头闭合短接第 2 段电枢启动电阻 R_2。电动机在额定电枢电压下运转,启动过程结束。

该电路由过电流继电器 KA1 实现电动机过载和电路保护,欠电流继电器 KA2 实现电动机欠磁场保护;电阻 R_3 与二极管 VD 构成电动机励磁绕组断开电源时产生感应电动势的放电回路,以免产生过电压。

子任务2 直流电动机可逆运转启动电路

图 1-26 为通过改变直流电动机电枢电压极性实现电动机正反转启动的电路。图中 KM1、KM2 为正、反转接触器,KM3、KM4 为短接电枢电阻接触器,KT1、KT2 为时间继电器,KA1 为过电流继电器,KA2 为欠电流继电器,R_1、R_2 为启动电阻,R_3 为放电电阻,SB2 为正转启动按钮,SB3 为反转启动按钮,SQ1 为反转正向行程开关,SQ2 为正转反向行程开关。其启动电路工作情况与图 1-25 相同,但启动后,电动机将按行程原则自动正、反转,拖动运动部件实现自动往返运动。

子任务3 直流电动机单向旋转串电阻启动、能耗制动电路

图 1-27 为直流电动机单向旋转串电阻启动、能耗制动电路。图中 KM1、KM2、KM3、KA1、KA2、KT1、KT2 作用与图 1-26 相同,KM4 为制动接触器,KV 为电压继电器。

电路工作原理:电动机启动时电路工作情况与图 1-26 相同,在此不再重复。停车时,按下停止电钮 SB1,KM1 线圈断电释放,其主触头断开电动机电枢直流电源,电动机以惯性旋

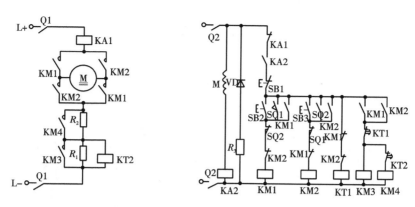

图 1-26　直流电动机正反转启动电路

转。由于此时电动机转速较高,电枢两端会建立一定的感应电动势,并联在电枢两端的电压继电器 KV 经自锁触头仍保持通电吸合状态,其常开触头仍闭合,使 KM4 线圈通电吸合。因 KM4 的常开主触头将电阻并联在电枢两端,电动机实现能耗制动。随着电动机转速迅速下降,电枢感应电动势也随之下降,当降至一定值时 KV 释放,KM4 线圈断电,电动机能耗制动结束,自然停车至转速为零。

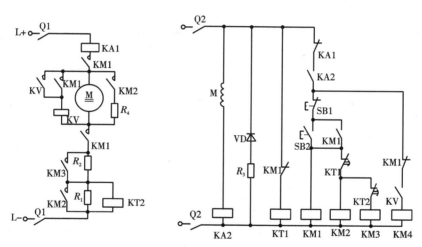

图 1-27　直流电动机单向旋转串电阻启动、能耗制动电路

25

子任务 4　直流电动机可逆旋转反接制动电路

图 1-28 为直流电动机可逆旋转反接制动控制电路。图中 KM1、KM2 为电动机正、反转接触器,KM3、KM4 为启动短接电阻接触器,KM5 为反接制动接触器,KA1 为过电流继电器,KA2 为欠电流继电器,KV1、KV2 为正反接制动电压继电器,R_1、R_2 为启动电阻,R_3 为放电电阻,R_4 为反接制动电阻,KT1、KT2 为时间继电器,SQ1 为正转变反转行程开关,SQ2 为反转变正转行程开关。

该电路按时间原则分两级启动,能实现正反转并通过 SQ1、SQ2 行程开关实现自动换向,在换向过程中能实现反接制动,以加快换向过程。下面以电动机正转运行变反转运行为

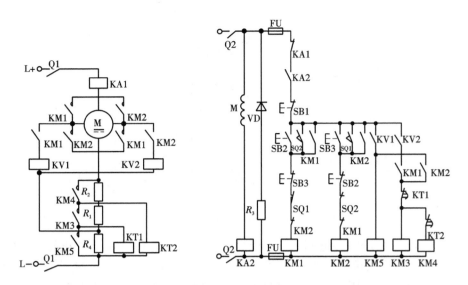

图 1-28　直流电动机可逆旋转反接制动电路

例来说明其电路工作原理。

当电动机正在做正向运转、运动部件做正向移动,且运动部件上的撞块压下行程开关 SQ1 时,KM1、KM3、KM4、KM5、KV1 线圈断电释放,KM2 线圈通电吸合。电动机电枢接通反向电源,同时 KV2 线圈通电吸合,反接时的电枢电路如图 1-29 所示。

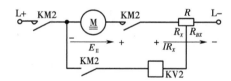

图 1-29　反接时的电枢电路

由于机械惯性,电动机转速以及电动势 E_{II} 的大小和方向来不及变化,且电动势 E_{II} 方向与电枢串电阻电压降 IR_X 方向相反,此时电压继电器 KV2 的线圈电压很小,不足以使 KV2 吸合,KM3、KM4、KM5 线圈处于断电状态,电动机电枢串入全部电阻进行反接制动。电动机转速迅速下降,随着电动机转速的下降,电动势 E_{II} 逐渐减小,电压继电器 KV2 上电压逐渐增加,当 $n \approx 0$ 时,$E_{II} \approx 0$,加至 KV2 线圈的电压加大并使其吸合动作,常开触头闭合,KM5 线圈通电吸合。KM5 主触头反接制动电阻 R_4,电动机电枢串入 R_1、R_2 电阻反向启动,直至反向正常运行,拖动运动部件反向移动。

当运动部件反向移动撞块压下行程开关 SQ2 时,则由电压继电器 KV1 来控制电动机实现反转时的反转制动和正向启动控制,原理与正向运动时相同,在此不再赘述。

子任务5　直流电动机调速控制电路

直流电动机可通过改变电枢电压或励磁电流来调速,前者常由晶闸管构成单相或三相全波可控整流电路,通过改变其导通角来实现降低电枢电压的控制;后者常通过改变励磁绕组中的串联电阻来实现弱磁调速。下面以改变电动机励磁电流为例来分析其调速控制。图

1-30 所示为直流电动机改变励磁电流的调速控制电路。

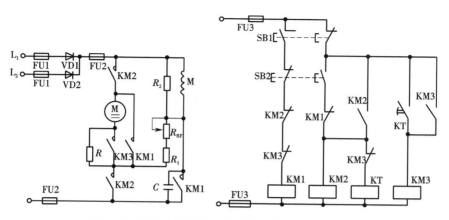

图 1-30　直流电动机改变励磁电流的调速控制电路

电动机的直流电源从两相零式整流电路获得,电阻 R 兼有启动限流和制动限流的作用,电阻 R_1、R_{RF} 为调速电阻,电阻 R_2 用来吸收励磁绕组的自感电动势,起过电压保护作用。KM1 为能耗制动接触器,KM2 为运行接触器,KM3 为切除启动电阻接触器。

电路工作原理如下。

（1）启动

按下启动按钮 SB2,KM2 和 KT 线圈同时通电并自锁,电动机 M 电枢串入电阻 R 启动,经一段延时后,KT 通电延时闭合触头闭合,使 KM3 线圈通电并自锁,KM3 主触头闭合,短接启动电阻 R,电动机在全压下运行。

（2）调速

在正常运行状态下,调节电阻 R_{RF},改变电动机励磁电流大小,从而改变电动机励磁磁通,实现电动机转速的改变。

（3）停车及制动

在正常运行状态下,按下停止按钮 SB1,KM2、KM3 线圈同时断电释放,其主触头断开,切断电动机电枢电路;同时 KM1 线圈通电吸合,KM1 主触头闭合,通过电阻 R 接通能耗制动电路,而 KM1 另一对常开触头闭合,短接电容器 C,使电源电压全部加在励磁线圈两端,实现能耗制动过程中的强励磁作用,加强制动效果。松开停止按钮 SB1,制动结束。

思考与练习

1）分析图 1-25 单向旋转启动控制电路,说明主电路中电阻 R_1、R_2 的作用,在直流电机启动时应注意什么现象。

2）分析图 1-26 电路,电机是如何实现正反转控制的。

3）分析图 1-31 所示直流他励电动机启动工作原理。MG 为负载。启动时,为什么需将励磁回路串联的电阻 R_{f2} 调至最小,先接通励磁电源,使励磁电流最大,同时必须将电枢串联启动电阻 R_1 调至最大,然后方可接通电枢电源。为什么直流他励电动机停机时,必须先切断电枢电源,然后断开励磁电源,同时必须将电枢串联的启动电阻 R_1 调回到最大值,励磁回

路串联的电阻 R_{f1} 调回到最小值?

4)分析图 1-32 所示直流他励电动机启动工作原理。MG 为负载。为什么将直流并励电动机 M 的磁场调节电阻 R_{f1} 调至最小值,电枢串联启动电阻 R_1 调至最大值?

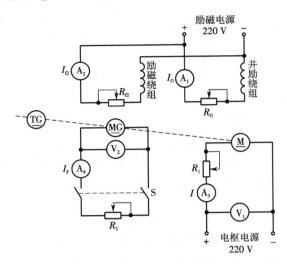

图 1-31　直流他励电动机启动工作原理

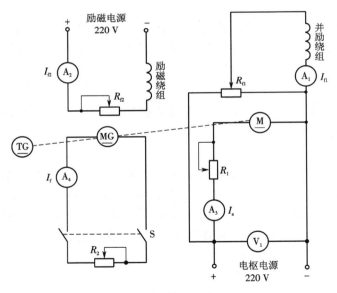

图 1-32　直流他励电动机启动工作原理

项目2 交流电动机及拖动系统

项目导读

交流电动机是将交流电的电能转变为机械能的一种机器。

交流电动机的结构简单、运行可靠、维护方便、工作效率较高,又没有烟尘、气味,不污染环境,噪声也较小。广泛应用于工农业生产、交通运输、国防、商业及家用电器、医疗电器设备等各方面。

本项目主要学习在工业控制领域中,常用的三相异步电动机及其拖动系统,学习三相异步电动机的选用、基本控制环节原理、低压电器元件选用、常见机电设备控制系统的设计及安装。

项目知识目标

掌握三相异步电动机结构、工作原理及型号选择原则。

掌握接触器、低压断路器、熔断器、热继电器等各类常用低压电器结构、原理及选用原则。

掌握三相异步电动机全压启动、减压启动、正反转控制、制动等控制线路的工作原理,并能制订对应电气工艺文件。

掌握 C650 卧式车床拖动系统的控制原理及控制系统的设计。

项目能力目标

具备三相异步电动机型号选择的能力。

具备三相异步电动机控制线路中各低压电器元件型号选择的能力。

具备三相异步电动机控制线路的设计、安装及调试的能力。

具备根据设备控制要求,对交流拖动系统进行设计的能力。

任务导读

根据 C650 卧式车床工作要求,设计 C650 卧式车床电气控制系统。

C650 卧式车床属中型车床,是机械加工中常用加工设备,加工工件回转半径最大可达 1 020 mm,长度可达 3 000 mm。其结构主要由床身、主轴变速箱、进给箱、溜板箱、刀架、尾架、丝杠和光杠等部分组成。

运动形式分析

1)主运动:卡盘或顶尖带动工件的旋转运动。

2)进给运动:溜板带动刀架的纵向或横向直线运动。

3)辅助运动:刀架的快速进给与快速退回(减少辅助工作时间、提高效率、降低劳动强度、便于对刀和减少辅助工时)。

4)车床的调速采用变速箱(车床溜板箱和主轴变速箱之间通过齿轮传动来连接,两种运动通过同一台电动机带动并通过各自的变速箱调节主轴转速或进给速度)。

控制要求

1)机床主运动驱动电动机:电机采用直接启动连续运行方式,并有点动功能以便调整;能够实现正反转,停车时带有电气反接制动。

2)冷却泵电动机:单方向旋转,与主轴电动机实现顺序启停,可单独操作。

3)快速移动电动机 M3:单向点动、短时工作方式。

4)电路应有必要的保护和联锁,有安全可靠的照明电路。

任务 1　认识三相异步电动机

任务描述

根据 C650 卧式车床控制要求,选择合理的拖动电机,包括主运动拖动电机、液压泵电机和辅助运动拖动电机。

知识储备

三相异步电动机是利用电磁感应原理将电能转换为机械能的一种电动机,是现代化生产中应用最广泛的一种动力设备。它具有结构简单、制造方便、坚固耐用、维护容易、运行效率高及工作特性好的优点;与相同容量的直流电动机相比,异步电动机的重量仅为直流电动机的一半,其价格仅有直流电动机的 1/3 左右;并且异步电动机的交流电源可直接取自电网,用电方便经济。所以大部分的工业、农业生产机械和家用电器都用异步电动机作为原动机(图 2-1),其单机容量从几十瓦到几千千瓦不等。我国总用电量的 2/3 左右是被异步电动机消耗掉的。

机床　　　　电梯　　　　洗衣机　　　　动车

图 2-1　异步电动机应用

C650 卧式车床控制要求相对简单,本着经济方便的原则,可以选择三相异步电动机作为机床各运动的驱动电机。如何选择三相异步电动机呢? 这就需要对电动机的结构、基本工作原理、如何选择等知识有所了解。

子任务 1　认识三相异步电动机结构

三相异步电动机的两个基本组成部分为定子(固定部分)和转子(旋转部分),此外还有端盖、风扇等附属部分,如图 2-2 所示。

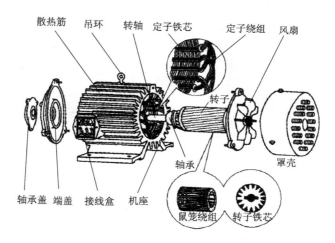

图 2-2　三相异步电动机结构图

1. 定子

三相异步电动机的定子由定子铁芯、定子绕组和机座三部分组成。

1)定子铁芯:由厚度为 0.5 mm 的相互绝缘的硅钢片叠压而成,硅钢片内圆上有均匀分布的槽,其作用是嵌放定子三相绕组。

2)定子绕组:三组用漆包线绕制好的,对称地嵌入定子铁芯槽内的相同的线圈,这三相绕组可接成星形或三角形,如图 2-3 所示。

3)机座:用铸铁或铸钢制成,其作用是固定铁芯和绕组。

图 2-3　三相异步电动机定子结构

2. 转子

三相异步电动机的转子由转子铁芯、转子绕组和转轴三部分组成。

1)转子铁芯:由厚度为 0.5 mm 的相互绝缘的硅钢片叠压而成,硅钢片外圆上有均匀分布的槽,其作用是嵌放转子三相绕组。

2)转子绕组:有笼形转子和绕线转子两种形式,对应鼠笼式异步电动机和绕线式异步电动机,如图 2-4 所示。

3)转轴:转轴上加机械负载。

鼠笼式转子的绕组是在铁芯槽内放置铜条,铜条的两端用短路环焊接起来,绕组的形状

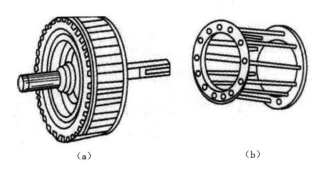

图2-4　三相异步电动机转子结构

（a）绕线转子；（b）鼠笼转子

如图2-4（b）所示，像个鼠笼，故称之为鼠笼式转子。

绕线型转子绕组和定子绕组一样，也是一个用绝缘导线绕成的三相对称绕组，被嵌放在转子铁芯槽中，接成星形。绕组的三个出线端分别接到转轴端部的三个彼此绝缘的铜制滑环上。通过滑环与支持在端盖上的电刷构成滑动接触，把转子绕组的三个出线端引到机座上的接线盒内，以便与外部变阻器连接，故绕线式转子又称滑环式转子。

鼠笼式电动机由于构造简单、价格低廉、工作可靠、使用方便，成为了生产上应用最广泛的一种电动机。

子任务2　学习三相异步电动机的工作原理

1. 基本工作原理

为了说明三相异步电动机的工作原理，做如图2-5所示的演示实验。

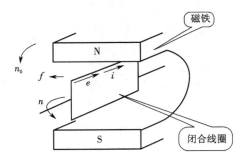

图2-5　三相异步电动机工作原理

（1）演示实验

在装有手柄的蹄形磁铁的两极间放置一个闭合导体，当转动手柄带动蹄形磁铁旋转时，将发现导体也跟着旋转；若改变磁铁的转向，则导体的转向也跟着改变。

（2）现象解释

当磁铁旋转时，磁铁与闭合的导体发生相对运动，鼠笼式导体切割磁感线而在其内部产生感应电动势和感应电流。感应电流又使导体受到一个电磁力的作用，于是导体就沿磁铁的旋转方向转动起来,这就是异步电动机的基本原理。转子转动的方向和磁极旋转的方向相同。

（3）结论

欲使异步电动机旋转,必须有旋转的磁场和闭合的转子绕组,线圈跟着磁铁转动,且两者转动方向一致。由于线圈比磁铁转得慢,因此根据这一原理制得的电动机称为异步电动机。

2. 旋转磁场

（1）磁场的产生

图 2-6 表示最简单的三相定子绕组 AX、BY、CZ,它们在空间按互差 120° 的规律对称排列,并接成星形与三相电源 U、V、W 相连。则三相定子绕组便通过三相对称电流,随着电流在定子绕组中通过,在三相定子绕组中就会产生旋转磁场。

$$\begin{cases} i_U = i_A = I_m \sin\omega t \\ i_V = i_B = I_m \sin(\omega t - 120°) \\ i_W = i_C = I_m \sin(\omega t + 120°) \end{cases}$$

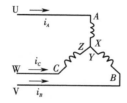 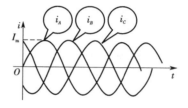

图 2-6　三相异步电动机定子接线

当 $\omega t = 60°$ 时,$i_A = 0$,AX 绕组中无电流;i_B 为负,BY 绕组中的电流从 Y 流入由 B 流出;i_C 为正,CZ 绕组中的电流从 C 流入由 Z 流出;由右手螺旋定则可得合成磁场的方向如图 2-7（a）所示。

当 $\omega t = 120°$ 时,$i_B = 0$,BY 绕组中无电流;i_A 为正,AX 绕组中的电流从 A 流入由 X 流出;i_C 为负,CZ 绕组中的电流从 Z 流入由 C 流出;由右手螺旋定则可得合成磁场的方向如图 2-7（b）所示。

当 $\omega t = 180°$ 时,$i_C = 0$,CZ 绕组中无电流;i_A 为负,AX 绕组中的电流从 X 流入由 A 流出;i_B 为正,BY 绕组中的电流从 B 流入由 Y 流出;由右手螺旋定则可得合成磁场的方向如图 2-7（c）所示。

可见,当定子绕组中的电流变化一个周期时,合成磁场也按电流的相序方向在空间旋转一周。随着定子绕组中的三相电流不断地作周期性变化,产生的合成磁场也不断旋转,因此称为旋转磁场。

（2）旋转磁场的方向

旋转磁场的方向是由三相绕组中电流相序决定的,若想改变旋转磁场的方向,只要改变通入定子绕组的电流相序,即将三根电源线中的任意两根对调即可。这时,转子的旋转方向也跟着改变,如图 2-8 所示。

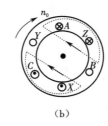
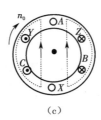

（a）　　　　　　（b）　　　　　　（c）

图 2-7　旋转磁场的形成

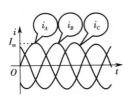

图 2-8　旋转磁场的方向

3. 三相异步电动机的极数与转速

（1）极数（磁极对数 p）

三相异步电动机的极数就是旋转磁场的极数。旋转磁场的极数和三相绕组的安排有关。当每相绕组只有一个线圈，绕组的始端之间相差 120° 空间角时，产生的旋转磁场具有一对磁极，即 $p=1$；当每相绕组为两个线圈串联，绕组的始端之间相差 60° 空间角时，产生的旋转磁场具有两对磁极，即 $p=2$；同理，如果要产生三对磁极，即 $p=3$ 的旋转磁场，则每相绕组必须有均匀安排在空间串联的三个线圈，绕组的始端之间相差 40°（120°/p）空间角。极数 p 与绕组的始端之间的空间角 θ 的关系为

$$\theta = 120°/p$$

（2）转速 n

三相异步电动机旋转磁场的转速 n_0 与电动机磁极对数 p 有关，它们的关系是

$$n_0 = \frac{60f_1}{p} \tag{2-1}$$

由式（2-1）可知，旋转磁场的转速 n_0 取决于电流频率 f_1 和磁场的极数 p。对某一异步电动机而言，f_1 和 p 通常是一定的，所以磁场转速 n_0 是个常数。

在我国，工频 $f_1 = 50$ Hz，因此对应于不同极数 p 的旋转磁场转速 n_0 见表 2-1。

表 2-1　对应于不同极数 p 的旋转磁场转速 n_0

p	1	2	3	4	5	6
$n_0/(\mathrm{r/min})$	3 000	1 500	1 000	750	600	500

（3）转差率 s

电动机转子转动方向与磁场旋转的方向相同，但转子的转速 n 不可能达到与旋转磁场的转速 n_0 相等，否则转子与旋转磁场之间就没有相对运动，因而磁感线就不切割转子导体，

转子电动势、转子电流以及转矩也就都不存在。也就是说,旋转磁场与转子之间存在转速差,因此把这种电动机称为异步电动机,又因为这种电动机的转动原理是建立在电磁感应基础上的,故又称为感应电动机。

旋转磁场的转速 n_0 常称为同步转速。转差率 s 是用来表示转子转速 n 与磁场转速 n_0 相差的程度的物理量,即

$$s = \frac{n_0 - n}{n_0} = \frac{\Delta n}{n_0} \tag{2-2}$$

转差率是异步电动机的一个重要的物理量。

当旋转磁场以同步转速 n_0 开始旋转时,转子则因机械惯性尚未转动,转子的瞬间转速 $n = 0$,这时转差率 $s = 1$。转子转动起来之后,$n > 0$,$n_0 - n$ 差值减小,电动机的转差率 $s < 1$。如果转轴上的阻转矩加大,则转子转速 n 降低,即异步程度加大,才能产生足够大的感应电动势和电流,产生足够大的电磁转矩,这时的转差率 s 增大;反之,s 减小。异步电动机运行时,转速与同步转速一般很接近,转差率很小,在额定工作状态下为 0.015 ~ 0.06。

根据式(2-2),可以得到电动机的转速常用公式:

$$n = (1 - s) n_0 \tag{2-3}$$

例 2-1 有一台三相异步电动机,其额定转速 $n = 975$ r/min,电源频率 $f = 50$ Hz,求电动机的极数和额定负载时的转差率 s。

解 由于电动机的额定转速接近而略小于同步转速,而同步转速对应于不同的极对数有一系列固定的数值。显然,与 975 r/min 最相近的同步转速 $n_0 = 1\ 000$ r/min,与此相应的磁极对数 $p = 3$。因此,额定负载时的转差率为

$$s = \frac{n_0 - n}{n_0} \times 100\% = \frac{1\ 000 - 975}{1\ 000} \times 100\% = 2.5\%$$

子任务 3 学习三相异步电动机的铭牌数据和性能参数

三相异步电动机生产厂家很多,如何分辨电动机的性能参数,就需要看电机的铭牌数据。尽管厂家很多,但每个厂家的电动机铭牌所包含的数据都要按照国家标准制定,以表明电机的型号及相关技术数据,如图 2-9 所示。

三相异步电动机			
型号: Y112M-4		编号	
4.0	kW	8.8	A
380 V	1440 r/min	LW	82dB
接法△	防护等级 IP44	50Hz	45kg
标准编号	工作制SI	B级绝缘	2000年8月
中原电机厂			

图 2-9 三相异步电动机铭牌

1. 型号表示

三相异步电动机的型号表示如图 2-10 所示。

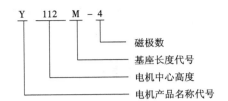

图 2-10 三相异步电动机型号表示

1）产品名称代号：Y 表示三相异步电动机、YR 表示绕线式异步电动机、YB 表示防爆型异步电动机、YQ 表示高启动转矩异步电动机。

2）基座长度代号：L 表示长基座，M 表示中基座，S 表示短基座。

2. 性能参数

1）额定功率 P_n：是指电动机在制造厂所规定的额定情况下运行时，其输出端的机械功率，单位一般为千瓦（kW）。

2）额定电压 U_n：是指电动机额定运行时，外加于定子绕组上的线电压，单位为伏（V）。

一般规定电动机的工作电压不应高于或低于额定值的 5%。当工作电压高于额定值时，磁通将增大，将使励磁电流大大增加，电流大于额定电流，使绕组发热。同时，由于磁通的增大，铁损耗（与磁通平方成正比）也增大，使定子铁芯过热。当工作电压低于额定值时，引起输出转矩减小，转速下降，电流增加，也使绕组过热，这对电动机的运行也是不利的。

我国生产的 Y 系列中、小型异步电动机，其额定功率在 3 kW 以上的，额定电压为 380 V，绕组为三角形连接；额定功率在 3 kW 及以下的，额定电压为 380/220 V，绕组为 Y/△ 连接（即电源线电压为 380 V 时，电动机绕组为星形连接；电源线电压为 220 V 时，电动机绕组为三角形连接）。

3）额定电流 I_n：是指电动机在额定电压和额定输出功率时，定子绕组的线电流，单位为安（A）。

当电动机空载时，转子转速接近于旋转磁场的同步转速，两者之间相对转速很小，所以转子电流近似为零，这时定子电流几乎全为建立旋转磁场的励磁电流。当输出功率增大时，转子电流和定子电流都随着相应增大。

4）额定转速 n_n：是指电动机在额定电压、额定频率下，输出端有额定功率输出时转子的转速，单位为转/分（r/min）。

由于生产机械对转速的要求不同，需要生产不同磁极数的异步电动机，因此有不同的转速等级。最常用的是四个极的异步电动机（ n_0 = 1 500 r/min）。

5）额定频率 f_n：我国电力网的频率为 50 Hz，因此除外销产品外，国内用的异步电动机的额定频率为 50 Hz。

6）接法：指定子三相绕组的接法。一般鼠笼式电动机的接线盒中有六根引出线，标有 U1、V1、W1、U2、V2、W2。其中：U1、U2 是第一相绕组的两端；V1、V2 是第二相绕组的两端；W1、W2 是第三相绕组的两端。

连接方法有星形（Y）连接和三角形（△）连接两种，如图 2-11 所示。通常三相异步电动机在 3 kW 以下者，连接成星形；在 4 kW 以上者，连接成三角形。

7）额定效率 η_n：是指电动机在额定情况下运行时的效率，是额定输出功率与额定输入

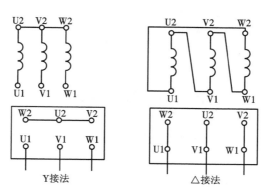

图 2-11　定子绕组 Y 和 △ 接法

功率的比值。异步电动机的额定效率 η_n 为 75% ~ 92% 。

　　8）额定功率因数 cos ϕ：因为电动机是电感性负载，定子相电流比相电压滞后一个角 ϕ，cos ϕ 就是异步电动机的功率因数。三相异步电动机的功率因数较低，在额定负载时为 0.7 ~ 0.9，而在轻载和空载时更低，空载时只有 0.2 ~ 0.3。因此，必须正确选择电动机的容量，防止"大马拉小车"，并力求缩短空载的时间。

　　9）绝缘等级：是按电动机绕组所用的绝缘材料在使用时容许的极限温度来分级的。所谓极限温度，是指电动机绝缘结构中最热点的最高容许温度。其技术数据见表 2-2。

表 2-2　绝缘等级与极限温度表

绝缘等级	极限温度/℃
A	105
E	120
B	130
F	155
H	180

　　10）工作方式：反映异步电动机的运行情况，可分为连续运行、短时运行和断续运行三种基本方式。

子任务 4　了解三相异步电动机的特性

1. 交流电动机拖动系统

（1）交流电动机拖动系统的基本组成

交流电动机拖动系统由电源、电动机、控制设备、工作机构组成。如 C650 卧式车床由三相交流电源、三相异步电动机、电气控制系统、变速箱、主轴及四方刀架等组成。

（2）交流电动机拖动系统的几种运动状态（T 为拖动转矩，T_L 为负载转矩）

1）$T = T_L$，系统处于静止不动或匀速运动的稳定状态。

2）$T > T_L$，系统处于加速状态。

3）$T < T_L$，系统处于减速状态。

（3）交流电动机拖动系统负载的机械特性

1）恒转矩负载的机械特性：负载转矩大小不变，但方向始终与工作机械运动的方向相反，总是阻碍电动机的转动。

2）恒功率负载的机械特性：转矩与转速成反比。

3）泵、风机类负载的机械特性：转矩与转速的平方成正比。

2. 三相异步电动机的启动

启动是指电动机通电后转速从零开始逐渐加速到正常运转的过程。异步电动机的启动要求：

1）电动机应具有足够大的启动转矩；

2）在保证足够的启动转矩前提下，电动机的启动电流应尽量小；

3）启动所需的控制设备应尽量简单，力求价格低廉、操作及维护方便；

4）启动过程中的能量消耗应尽量小。

三相异步电动机常用启动方式如图 2-12 所示。

图 2-12　三相异步电动机常用启动方式

3. 三相异步电动机的调速

调速就是用人为的方法来改变异步电动机的转速。常用的调速方法有以下三种：变极调速、变频调速和变转差率调速。

（1）变极调速

改变定子绕组的接线方式，就能改变磁极对数。当每相定子绕组中有一半的电流方向改变时，磁极对数减半。变极调速的优点是所需设备简单；缺点是绕组引出头较多，调速级数少，只用于鼠笼式异步电动机。

（2）变频调速

变频调速具有调速范围宽、平滑性好、机械特性较硬等优点，有很好的调速性能，是异步电动机最理想的调速方法。变频调速主要有两种控制方式，即恒转矩变频调速和恒功率变频调速。

（3）变转差率调速

变转差率调速方式有降电压调速和转子串电阻调速。改变转子电阻调速适用于绕线式异步电动机，改变定子电压调速适用于鼠笼式异步电动机。

4. 三相异步电动机的制动

电动机的制动是指在电动机的轴上加一个与其旋转方向相反的转矩，使电动机减速或停转。

根据制动转矩产生的方法不同，可分为机械制动和电气制动两类。机械制动通常是靠摩擦方法产生制动转矩，如电磁抱闸制动。电气制动是通过使电动机所产生的电磁转矩与电动机的旋转方向相反来实现的。三相异步电动机的电气制动有反接制动(包括倒拉反转制动、电源反接制动)、能耗制动和再生制动(又称回馈制动)三种。

(1)机械制动

机械制动最常用的装置是电磁抱闸,它主要由制动电磁铁和闸瓦制动器两部分组成。制动电磁铁包括铁芯、电磁线圈和衔铁,闸瓦制动器包括闸轮、闸瓦、杠杆和弹簧。正常运行时,电磁线圈通电产生电磁力,闸瓦离开转轴,电机正常运行;进行制动时,电磁线圈断电,电磁力消失,在弹簧的作用下闸瓦抱住转轴,电机开始制动。

(2)反接制动

断开定子绕组三相交流电,通入反转相序,使转子绕组在旋转磁场内受到和旋转方向相反的电磁转矩,使电机迅速停止。为了限制反接制动电流,在进行反接制动时,定子绕组需串入限流电阻。

(3)能耗制动

能耗制动就是在断开电动机三相电源的同时接通直流电源,此时直流电流流入定子的两相绕组,产生恒定磁场。这种制动方法是利用转子转动时的惯性切割恒定磁场的磁通而产生制动转矩,把转子的动能消耗在转子回路的电阻上,所以称为能耗制动。

(4)再生制动

电动机在额定工作状态下运行时,由于某种原因,使电动机的转速超过了旋转磁场的同步转速,则转子导体切割旋转磁场的方向与电动机运行状态时相反,从而使转子电流所产生的电磁转矩改变方向,成为与转子转向相反的制动转矩,电动机即在制动状态下运行,这种制动称为再生制动。它可将机械能转变为电能反送回电网,因此又称回馈制动。

任务解决

根据C650卧式车床最大加工能力、切削参数、常用加工工件材料、常用刀具、车床传动机构传动比及传动效率等,结合机床设计手册中机床切削扭矩计算公式,可推算出C650车床主运动拖动电机功率为75 kW。液压泵电机只需拖动液压泵单方向连续运行即可,负载较小,功率为2.2 kW;快速移动电机只需带动刀架做快速调整,负载小,功率选择为0.75 kW。

任务2　三相异步电动机启动控制线路设计、安装与调试

子任务1　三相异步电动机启动控制线路常用低压电器

任务描述

根据C650车床控制要求,主电机、液压泵电机及快移电机都是空载启动,可以采用直接启动的方式;但是对于大功率电机来说,直接启动容易造成启动电流瞬间增大,对电网造成很大的冲击。

假定一台2.2 kW三相异步电动机不频繁启动停止,拖动负载运行平稳,为此三相异步电动机控制系统选择低压电器元件。

知识储备

2.1.1　低压电器概述

凡是对电能的生产、输送、分配和使用起控制、调节、检测、转换及保护作用的电工器械均可称为电器。用于交流 50 Hz 额定电压 1 200 V 以下、直流额定电压 1 500 V 以下的电路,起通断、保护、控制或调节作用的电器称为低压电器。

低压电器的品种规格繁多,构造各异,按其用途和功能可分为低压配电电器、低压主令电器、低压控制电器、低压保护电器和低压执行电器。

1)低压配电电器:用于低压供电、配电系统中进行电能的隔离、输送和分配的电器,如刀开关、低压断路器等。

2)低压主令电器:用于发送控制指令以控制其他自动电器动作的电器,如按钮、行程开关、接近开关等。

3)低压控制电器:对低压电路的运行状态进行控制,如接触器、时间继电器等。

4)低压保护电器:对电路和用电电器进行保护的电器,如熔断器、热继电器等。

5)低压执行电器:用于执行某种动作及传动功能的电器,如电磁铁、电磁离合器等。

2.1.2　低压电器基本结构

电磁式电器在低压电器中占有十分重要的地位,在电气控制系统中应用最为普遍。各种类型的电磁式电器主要由电磁机构和执行机构所组成,电磁机构按其电源种类可分为交流和直流两种,执行机构则可分为触头和灭火装置两部分。

电磁机构主要由铁芯、衔铁和吸引线圈组成,触头系统由动触头和静触头组成,如图 2-13 至图 2-15 所示;电磁机构中吸引线圈的电流转换为电磁力,吸引衔铁动作,从而衔铁带动动触点动作,接通或断开电路。

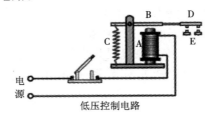

图 2-13　低压电器元件结构

A—电磁铁;B—衔铁;C—弹簧;D—动触点;E—静触点

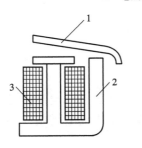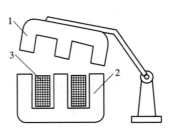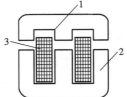

图 2-14　常用的电磁机构结构

1—衔铁;2—铁芯;3—线圈

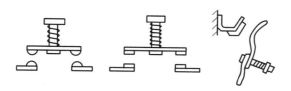

图 2-15　常用的触头系统结构

触头在分流的瞬间,触头间气体在强电场作用下就会产生放电现象,放出的电是一种带电粒子的急流,称为电弧,电弧的特点是外部有白炽弧光,内部有很高的温度和很大的电流。触点在断开电路时产生的电弧高温将烧坏触头,强电流会对用电设备及电网造成冲击,为了避免危险发生,应采用适当措施迅速熄灭电弧。

灭弧的基本方法有:

1)拉长电弧,从而降低电场强度;

2)用电磁力使电弧在冷却介质中运动,降低弧柱周围的温度;

3)将电弧挤入绝缘壁组成的窄缝中以冷却电弧;

4)将电弧分成许多串联的短弧,增加维持电弧所需要的临界电压降。

常用的灭弧装置有电动力吹弧装置、磁吹灭弧装置、栅片灭弧装置及窄缝灭弧装置等,如图 2-16 所示。

2.1.3　低压配电电器

低压配电电器又称低压隔离电器,对电路和电能起到隔离作用,常用的元件有刀开关、低压断路器、组合开关等。

1. 刀开关

刀开关常用作电路的隔离开关、小容量电路的电源开关和小容量电动机非频繁启动的操作开关。

(1)刀开关结构及工作原理

刀开关由熔体、触头、触头座、操作手柄、底座及上下胶盖等组成,如图 2-17 所示。通过操作手柄操作触头和触头座的分合来通断电路。

(2)刀开关的类型

常用的刀开关有 HD 型单投刀开关、HS 型双投刀开关(刀形转换开关)、HR 型熔断器式刀开关、HZ 型组合开关、HK 型闸刀开关、HY 型倒顺开关和 HH 型铁壳开关等。

1)HK 型开启式负荷开关俗称闸刀或胶壳刀开关,由于它结构简单、价格便宜、使用维修方便,故得到广泛应用。该开关主要用作电气照明电路、电热电路、小容量电动机电路的不频繁控制开关,也可用作分支电路的配电开关。

2)HR 型熔断器式刀开关也称刀熔开关,它实际上是将刀开关和熔断器组合成一体的电器。刀熔开关操作方便,并简化了供电线路,在供配电线路上应用很广泛。刀熔开关可以切断故障电流,但不能切断正常的工作电流,所以一般应在无正常工作电流的情况下进行操作。

3)HH 型封闭式负荷开关俗称铁壳开关,主要由钢板外壳、触刀开关、操作机构、熔断器等组成。刀开关带有灭弧装置,能够通断负荷电流,熔断器用于切断短路电流。一般用于小型电力排灌、电热器、电气照明线路的配电设备中,用于不频繁地接通与分断电路,也可以直

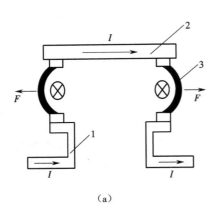

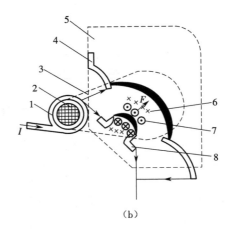

（a）   （b）

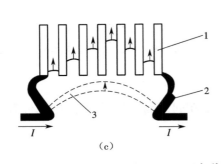

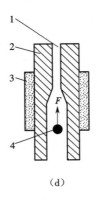

（c）   （d）

图 2-16　各种结构的灭弧装置

（a）双断口电动力吹弧示意图；（b）磁吹灭弧原理示意图；

（c）栅片灭弧示意图；（d）窄缝灭弧示意图

（a）1—静触头；2—动触头；3—电弧

（b）1—磁吹线圈；2—铁芯；3—引弧角；4—导磁夹板；5—灭弧罩；

6—磁吹线圈磁场；7—电弧电流磁场；8—动触头

（c）1—灭弧栅片；2—触头；3—电弧

（d）1—纵缝；2—介质；3—磁性夹板；4—电弧

接用于异步电动机的非频繁全压启动控制。

（3）刀开关性能参数及选择

1）刀开关型号含义如图 2-18 所示。

2）刀开关性能参数。刀开关额定电压为交流 380 V、直流 220 V，主要技术性能及参数见表 2-3。HK1、HK2 刀开关主要技术数据见表 2-4。

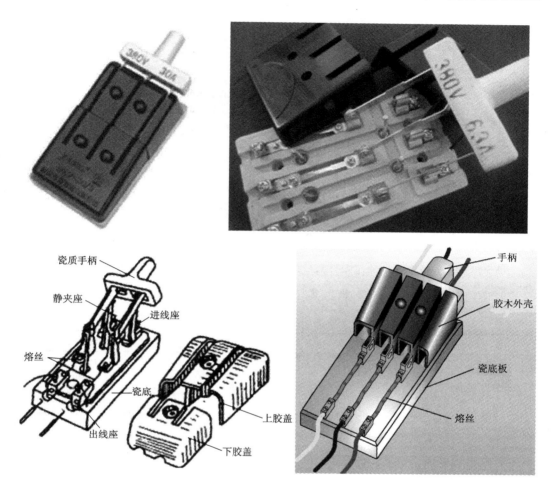

图 2-17 刀开关结构

表 2-3 刀开关主要技术性能及参数

约定发热电流/A		100	200	400	600	1 000	1 500	2 000	3 000
额定工作电流/A		100	200	400	600	1 000	1 500	2 000	3 000
通断能力/A	AC 380 V、$\cos\phi = 0.72 \sim 0.8$	100	200	400	600	1 000	1 500		
	DC $T = 0.01 \sim 0.011$ s 220 V	100	200	400	600	1 000	1 500		
机械寿命/次		10 000	10 000	10 000	5 000	5 000	5 000	3 000	3 000
电寿命/次		1 000	1 000	1 000	500	500	500	300	300
1s 短时耐受电流/kA		6	10	20	25	30	40	50	50
动稳定电流峰值/kA	操作机构式	20	30	40	50	60	80	100	100
	手柄式	15	20	30	40	50			
操作力/N		≤300	≤300	≤400	≤400	≤450	≤450	≤450	≤450

43

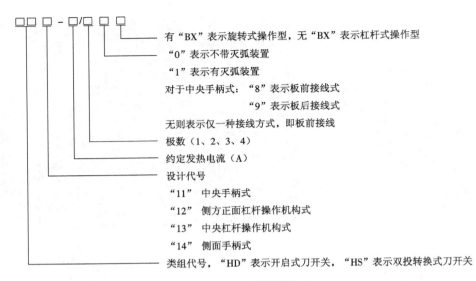

有"BX"表示旋转式操作型,无"BX"表示杠杆式操作型

"0"表示不带灭弧装置

"1"表示有灭弧装置

对于中央手柄式:"8"表示板前接线式

"9"表示板后接线式

无则表示仅一种接线方式,即板前接线

极数(1、2、3、4)

约定发热电流(A)

设计代号

"11" 中央手柄式

"12" 侧方正面杠杆操作机构式

"13" 中央杠杆操作机构式

"14" 侧面手柄式

类组代号,"HD"表示开启式刀开关,"HS"表示双投转换式刀开关

图 2-18　刀开关型号含义

表 2-4　HK1、HK2 刀开关主要技术数据

型　　号	额定电压/V	极　　数	额定电流/A
HK1	220	二极	15
			30
			60
	380	三极	15
			30
			60
HK2	220	二极	10
			15
			30
			60
	380	三极	15
			30
			60

3)刀开关符号表示如图 2-19 所示。

(4)刀开关选用、安装及使用

选用刀开关时,首先根据刀开关的用途和安装位置选择合适的型号和操作方式,然后根据控制对象的类型和大小,计算出相应的负载电流的大小,选择相应级别额定电流的刀开关。刀开关在安装时必须垂直安装,应使闭合操作时的手柄操作方向从下向上合,不允许平装或倒装,以防误合闸;电源进线应接在静触头一边的进线座,负载接在动触头一边的出线座;在分闸和合闸操作时,应动作迅速,使电弧尽快熄灭。

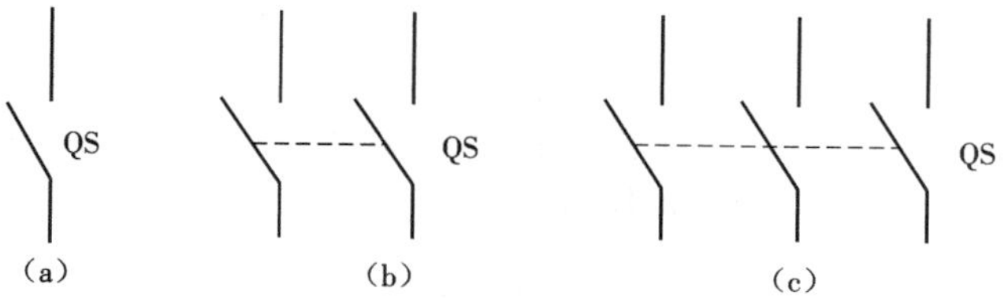

图 2-19 刀开关符号表示

（a）单极；（b）双极；（c）三极

刀开关容量太小、拉闸或合闸时动作太慢，或者金属异物落入刀开关内引起相间短路，均可造成动、静触头烧坏和刀开关短路。此时应更换大容量的刀开关、改善操作方法和清除刀开关内的异物。

2. 低压断路器

低压断路器又称空气开关，是一种不仅可以接通和分断正常负荷电流和过负荷电流，还可以接通和分断短路电流的开关电器。低压断路器在电路中除起控制作用外，还具有一定的保护功能，如过负荷、短路、欠压和漏电保护等，如图 2-20 所示。

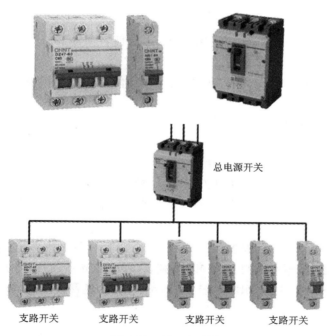

图 2-20 低压断路器

（1）低压断路器结构和工作原理

低压断路器由触头系统、灭弧装置、脱扣器、自由脱扣机构和操作机构等部分组成，如图 2-21 所示。

当电路发生短路或严重过载时，过电流脱扣器的衔铁吸合，使自由脱扣机构动作，主触点断开主电路。

当电路过载时，热脱扣器的热元件发热使双金属片向上弯曲，推动自由脱扣机构动作，

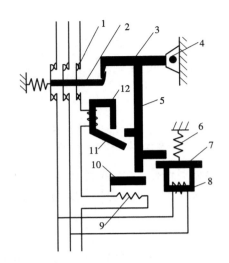

图 2-21 低压断路器结构

1—触头;2—传动杆;3—脱扣器;4,5—转轴;6,7,8—失电压、欠电压脱扣器;
9,10—热脱扣器;11,12—过电流脱扣器

主触点断开主电路。

当电路欠电压时,欠电压脱扣器的衔铁释放,也使自由脱扣机构动作,主触点断开主电路。

当按下分励脱扣按钮时,分励脱扣器衔铁吸合,使自由脱扣机构动作,主触点断开主电路。

(2)低压断路器的分类

低压断路器的分类方式很多。

按使用类别分,有选择型(保护装置参数可调)和非选择型(保护装置参数不可调)。

按灭弧介质分,利用空气作为灭弧介质的断路器称为空气断路器(空气开关),利用惰性气体作为灭弧介质的断路器称为惰性气体断路器(惰性气体开关),利用油作为灭弧介质的断路器称为油断路器(油开关)。

按结构形式分有:框架式断路器(ACB,图 2-22(a)),又称开启式、万能式断路器,比如 ABB 的 F 和 Emax 系列、施耐德的 M 和 MT 系列、穆勒的 IZM 系列、西门子的 WL 系列、国产的 DW 系列等;塑壳式断路器(MCCB,图 2-22(b)),又称装置式断路器,比如 ABB 的 LsomaxS 和 Tmax 系列、施耐德的 NS 和 NSX 系列、国产的 DZ20 系列等;微型断路器(MCB),又称微断,比如 ABB 的 S250 系列、施耐德的 C65 系列、国产的 DZ47 系列等。

(3)低压断路器的主要技术参数及型号表示

Ⅰ.低压断路器的主要技术数据

1)额定电压:断路器铭牌上的额定电压是指断路器主触头的额定电压,是保证接触器触头长期正常工作的电压值。

2)额定电流:断路器铭牌上的额定电流是指断路器主触头的额定电流,是保证接触器触头长期正常工作的电流值。

3)脱扣电流:使过电流脱扣器动作的电流设定值,当电路短路或负载严重超载,负载电

（a）　　　　　　　　　　　　　　（b）

图 2-22　低压断路器按结构形式分类

（a）框架式断路器；（b）塑壳式断路器

流大于脱扣电流时,断路器主触头分断。

4）过载保护电流 – 时间曲线:为反时限特性曲线,过载电流越大,热脱扣器动作的时间就越短。

5）欠电压脱扣器线圈的额定电压:一定要等于线路额定电压。

6）分励脱扣器线圈的额定电压:一定要等于控制电源电压。

7）分断能力指标:断路器的分断能力指标有两种,即额定极限短路分断能力 I_{cu} 和额定运行短路分断能力 I_{cs}。

额定极限短路分断能力 I_{cu} 是断路器分断能力极限参数,分断几次短路故障后,断路器分断能力将有所下降。

额定运行短路分断能力 I_{cs} 是断路器的一种分断指标,即分断几次短路故障后,还能保证其正常工作。

对塑壳式断路器而言, I_{cs} 只要大于 $25\% I_{cu}$ 就算合格,目前市场上断路器的 I_{cs} 大多数在 $(50\% \sim 75\%) I_{cu}$ 之间。

8）限流分断能力:指电路发生短路时,断路器跳闸时限制故障电流的能力。电路发生短路时,断路器触头快速打开,产生电弧,相当于在线路中串入 1 个迅速增加的电弧电阻,从而限制了故障电流的增加,降低了短路电流的电磁效应、电动效应和热效应对断路器和用电设备的不良影响,延长断路器的使用寿命。断路器断开时间越短,限流效果就越好, I_{cs} 就越接近 I_{cu}。

Ⅱ. 塑壳式低压断路器典型产品

塑壳式低压断路器根据用途分为配电用低压断路器、电动机保护用低压断路器和其他负载用低压断路器,用作配电线路、电动机、照明电路和电热器等设备的电源控制开关及保护。国产常用的有 DZ15、DZ20 等系列,其型号表示如图 2-23 所示。DZ20 系列低压断路器主要技术数据如表 2-4 所示。

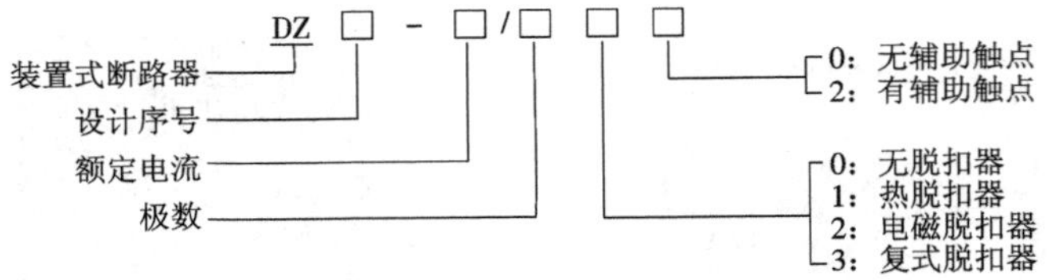

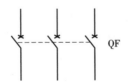

图2-23 DZ系列低压断路器型号表示

表2-4 DZ20系列低压断路器主要技术数据

型号	额定电压/V	壳架等级额定电流/A	断路额定电流/A	脱扣器形式或长延时脱扣器电流整定范围	瞬时脱扣器电流整定值	备注
DZ20Y－100 DZ20J－100 DZ20G－100	交流380 直流200	100	16,20,32,40, 50,63,80,100	电磁脱扣器 复式脱扣器 分励脱扣器 控制电源电压： 交流220 V、 交流380 V、 直流110 V、 直流220 V 欠电压脱扣器额定 工作电压： 交流220 V、380 V 电动机操作机构 额定控制电压： 交流200 V、380 V 直流220 V	配用$10I_n$保护电动机用$12I_n$	Y为一般型,J为高分断能力型,G为高分断能力型
DZ20Y－200 DZ20J－200 DZ20G－200		200	100,125,160, 180,200,225		配用$5I_n$、$10I_n$保护电动机用$8I_n$、$12I_n$	
DZ20Y－400 DZ20J－400 DZ20G－400		400	200,250,315, 350,400		配用$5I_n$、$10I_n$电动机用$12I_n$	
DZ20Y－630 DZ20J－630		630	500,630		配用$5I_n$、$10I_n$	
DZ20G－1250		1 250	630,700,800, 1 000,1 250		配用$4I_n$、$7I_n$	

Ⅲ. 低压断路器符号表示

低压断路器符号表示如图2-24所示。

图2-24 低压断路器符号

（4）低压断路器选用及使用

Ⅰ. 低压断路器的选用

1）低压断路器的额定电压和额定电流：应不小于电路的正常工作电压和工作电流，额定电流通常为电机额定电流的1.5倍，保守为2倍。

2）热脱扣器的整定电流：应与所控制的电动机的额定电流或负载额定电流一致。

3）电磁脱扣器的瞬时脱扣器整定电流：应大于负载电路正常工作时的尖峰电流。对电动机来说，DZ型低压断路器电磁脱扣器的瞬时脱扣器整定电流值I_z可按下式计算：

$$I_z \geq KI_{st}$$

式中　K——安全系数,可取 1.7。

　　　I_{st}——电动机的启动电流。

Ⅱ. 低压断路器故障及排除

　　低压断路器常见故障一般有不能合闸、不能分闸、自动跳闸等,表 2-5 综合了常见故障及排除方法。

表 2-5　低压断路器常见故障及排除方法

故障现象	原　　因	处理办法
手动操作断路器不能闭合	1. 失压脱扣器无电压或线圈损坏 2. 储能弹簧变形,导致闭合力减小 3. 反作用弹簧力过大 4. 机构不能复位再扣	1. 检查线路,施加电压或更换线圈 2. 更换储能弹簧 3. 重新调整弹簧力 4. 调整再扣至规定值
电动操作断路器不能闭合	1. 操作电源电压不符 2. 电源容量不够 3. 电磁拉杆行程不够 4. 电动机操作定位开关变位 5. 控制器中整流管或电容器损坏	1. 调换电源 2. 增大操作电源容量 3. 重新调整或更换拉杆 4. 重新调整 5. 更换损坏元件
有一相触头不能闭合	1. 一般型断路器的一相连杆断裂 2. 限流断路器的断开机构的可折连杆之间的角度变大	1. 更换连杆 2. 调整至原技术条件规定值
分励脱扣器不能使断路器分断	1. 线圈短路 2. 电源电压太低 3. 再扣接触面积太大 4. 螺丝松动	1. 更换线圈 2. 调换电源电压 3. 重新调整 4. 拧紧
欠电压脱扣器不能使断路器分断	1. 反力弹簧变小 2. 如保储能释放,则储能弹簧变小或断裂 3. 机构卡死	1. 调整弹簧 2. 调整或更换储能弹簧 3. 消除卡死原因,如生锈
启动电动机时断路器立即分断	过电流脱扣器瞬动整定值太小或选用不对	1. 调整瞬动整定值 2. 如有空气式脱扣器,则可能阀门失灵或橡皮膜破裂,查明后更换
断路器闭合后经一定时间自行分断	1. 过电流脱扣器长延时整定值不对 2. 热元件或半导体延时电路元件变化	1. 重新调整 2. 更换
欠电压脱扣器噪声	1. 反力弹簧太大 2. 铁芯工作面有油污 3. 短路环断裂	1. 重新调整 2. 消除油污 3. 更换衔铁或铁芯

故障现象	原　因	处理办法
断路器温升过高	1.触头压力过低 2.触头表面过分磨损或接触不良 3.两个导电零件连接螺丝松动 4.触头表面污染	1.调整触头压力或更换弹簧 2.更换触头或清理接触面,不能更换者,更换整台断路器 3.拧紧螺丝 4.清除油污或氧化层
辅助开关不通	1.辅助开关的动触桥卡死或脱落 2.辅助开关传动杆断裂或滚轮脱落 3.触头不接触或氧化	1.拨正或重新装好触桥 2.更换传动杆或辅助开关 3.调整触头,清理氧化膜
带半导体脱扣器的断路器误动作	1.半导体脱扣器元件损坏 2.外界电磁干扰	1.更换损坏元件 2.消除外界干扰,例如临近的大型磁铁的操作、接触器的分断、电焊等,予以隔离或更换电路
漏电断路器经常自行分断	1.漏电动作电流变化 2.线路有漏电	1.送制造厂重新校验 2.寻找原因,如系导线绝缘损坏,更换之

2.1.4　熔断器

熔断器是电路中电流超过规定值一段时间后,以其自身产生的热量使熔体熔化,从而使电路断开,对电路进行保护的电器。熔断器广泛应用于高低压配电系统和控制系统以及用电设备中,作为短路和过电流的保护器,是应用最普遍的保护器件之一。

1.熔断器的结构及工作原理

熔断器是一种过电流保护器(图 2-25)。熔断器主要由熔体和熔管以及外加填料等部分组成。熔体是熔断器的主要部分,常做成丝状、片状、带状或笼状,材料为熔点较低金属,如铅 - 锡合金、锌、银等。使用时,将熔断器串联于被保护电路中,当电路中电流增大至熔断器规定值时,增大电流使熔体发热,热至其熔点时熔体熔断,切断电路;当电路正常工作时,熔体在电路额定电流下不能熔断。填料广泛使用石英砂,既能起到灭弧作用,又能起到帮助熔体散热的作用。

图 2-25　各种类型的熔断器

2.熔断器的型号及规格

熔断器类型众多,如 RC、RL、RT、RW 等,表 2-6 列举了部分型号熔断器适用范围。

表 2-6　部分型号熔断器适用范围

名　称	实物图	用途
RC 系列瓷插式熔断器		该系列熔断器结构简单、价格便宜、更换熔体方便,因此广泛应用于 380 V 及以下的配电线路末端,用于电力、照明负荷的短路保护
RL1 系列螺旋式熔断器		该系列熔断器具有分断能力较高、结构紧凑、体积小、安装面积小、更换熔体方便、熔体熔断有明显指示等优点,因此广泛应用于机床控制线路、配电屏及振动较大的场所,作短路保护器件
RT14 系列有填料封闭管式圆筒帽形熔断器		该系列熔断器适用于交流 50 Hz,额定电压为 550 V,额定电流为 100 A 及以下的工业电气装置的配电设备中,作为线路过载和短路保护之用

3. 熔断器的主要技术参数及型号表示

（1）熔断器的主要技术参数

1）额定电压:指熔断器长期工作和分断后能够承受的电压,其值一般等于或大于电气设备的电压。熔断器的额定电压等级有交流 220 V、380 V、600 V、1 140 V 等,直流 110 V、220 V、440 V、800 V、1 000 V、1 500 V 等。

2）额定电流:熔断器长期工作时,各部件温升不超过规定值时所能承受的电流。熔断器额定电流有两种:一种是熔断器额定电流,另一种是熔体额定电流。一般生产厂家会减少熔管额定电流的规格,因此熔断器熔管额定电流等级较少,而熔体额定电流等级较多,在一种电流规格的熔管内,可安装几种电流规格的熔体,但熔体的额定电流规格最大不能超过熔断器额定电流。

3）极限分断能力:指熔断器在规定的额定电压和功率因数（或时间常数）的条件下,能分断的最大电流值。在电路中能出现的最大电流值一般是指短路电流值,熔断器在分开短路电流的同时,不会产生燃弧、燃烧、爆炸等危险现象,极限分断能力一般取决于熔断器的灭弧能力,是熔断器的一个安全参数。

4）时间 – 电流特性:在规定的条件下,表征流过熔体的电流与熔体熔断时间的关系曲线。其特征是反时限的,即电流越大,熔断时间越短,如图 2-26 所示。

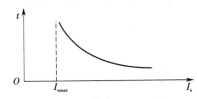

熔断电流 I_s/A	$1.25I_n$	$1.6I_n$	$2.0I_n$	$2.5I_n$	$3.0I_n$	$4.0I_n$	$8.0I_n$	$10.0I_n$
熔断时间 t/s	∞	3 600	40	8	4.5	2.5	1	0.4

图 2-26　熔断器的熔断电流与熔断时间的关系

（2）熔断器型号表示及技术数据

1）熔断器型号表示如图 2-27 所示。

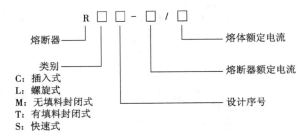

图 2-27　熔断器型号表示

2）熔断器技术数据见表 2-7。

表 2-7　常见低压熔断器主要技术参数

类型	型号	额定电压/V	额定电流/A	熔体额定电流等级/A	极限分断能力/kA	功率因数
瓷插式熔断器	RC1A	380	5	2、5	0.25	0.8
			10	2、4、6、10	0.5	
			15	6、10、15		
			30	20、25、30	1.5	0.7
			60	40、50、60		0.6
			100	80、100	3	
			200	120、150、200		
螺旋式熔断器	RL1	500	15	2、4、6、10、15	2	
			60	20、25、30、35、40、50、60	3.5	
			100	60、80、100	20	
			200	100、125、150、200	50	≥0.3
	RL2	500	25	2、4、6、10、15、20、25	1	
			60	25、35、50、60	2	
			100	80、100	3.5	

续表

类型	型号	额定电压/V	额定电流/A	熔体额定电流等级/A	极限分断能力/kA	功率因数
无填料封闭管式熔断器	RM10	380	15	6、10、15	1.2	0.8
			60	15、20、25、35、45、60	3.5	0.7
			100	60、80、100		
			200	100、125、160、200	10	0.35
			350	200、225、260、300、350		
			600	350、430、500、600	12	0.35
有填料封闭管式熔断器	RT0	交流380 直流440	100	30、40、50、60、100	交流50 直流25	>0.3
			200	120、150、200、250		
			400	300、350、400、450		
			600	500、550、600		

4. 熔断器的选用及故障排除

（1）熔断器的选用

熔断器的选用主要是选择熔断器的类型、额定电压、额定电流和熔体的额定电流。

1）熔断器类型的选用：根据使用环境、负载性质和短路电流的大小，选用适当类型的熔断器。

2）熔断器额定电压和额定电流的选择：熔断器的额定电压必须等于或大于线路的额定电压，熔断器的额定电流必须等于或大于所装熔体的额定电流。

3）熔体、熔断器的额定电流的选择：熔体额定电流的大小与负载大小和负载性质有关。对照明和电热等的短路保护，熔体的额定电流应等于或稍大于负载的额定电流；对于有冲击电流的电动机负载，既要起到短路保护作用，又要保证电动机正常启动，对于三相异步电动机，其熔体额定电流选择原则有：

①对一台不经常启动且启动时间不长的电动机的短路保护，熔体额定电流 I_m 应大于或等于 1.5～2.5 倍电动机额定电流，即 $I_m \geqslant (1.5 \sim 2.5) I_n$；

②对于频繁启动或启动时间较长的电动机，系数应增加到 3～3.5；

③对于多台电动机的保护，熔体的额定电流应大于或等于其中最大容量电动机额定电流的 1.5～2.5 倍与其余电动机额定电流的总和，即 $I_m \geqslant (1.5 \sim 2.5) I_{nmax} + \sum I_n$。

当熔体额定电流确定后，根据熔体额定电流确定熔断器的额定电流，熔断器额定电流应大于或等于熔体额定电流。

（2）熔断器的故障及排除

熔断器的常见故障是在电动机启动瞬间熔体便熔断，其原因包括熔体额定电流选择太小及电动机侧有短路或接地。可观察熔体信号指示，及时更换熔体。

2.1.5 接触器

交流接触器是一种适用于远距离接通和分断电路及交流电动机的电器，主要用作控制交流电动机的启动、停止、反转、调速，并可与热继电器或其他适当的保护装置组合，保护电动机可能发生的过载或断相，也可用于控制其他电力负载，如电热器、电照明、电焊机、电容器组等。

图 2-28 低压交流接触器

接触器按被控电流的种类可分为交流接触器和直流接触器。机电设备上常用的是交流接触器(图2-28),其主要用于远距离接通和分断电路及交流电动机,用于控制交流电动机的启动、停止、运行及调速等。

1. 交流接触器的结构及工作原理

交流接触器由电磁机构、触点系统、灭弧系统、释放弹簧机构、传动机构及基座等其他部分组成,如图 2-29 所示。

1)电磁系统:包括电磁线圈和铁芯,是接触器的重要组成部分,依靠它带动触点的闭合与断开。

2)触点系统:触点是接触器的执行部分,包括主触点和辅助触点。主触点的作用是接通和分断主回路,控制较大的电流;而辅助触点是在控制回路中,以满足各种控制方式的要求。

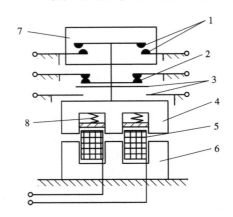

图 2-29 交流接触器结构

1—主触头;2—常闭辅助触头;3—常开辅助触头;4—动铁芯;
5—电磁线圈;6—静铁芯;7—灭弧罩;8—弹簧

3)灭弧系统:灭弧装置用来保证触点断开电路时,产生的电弧可靠地熄灭,减少电弧对触点的损伤。为了迅速熄灭断开时的电弧,通常接触器都装有灭弧装置,一般采用半封式纵缝陶土灭弧罩,并配有强磁吹弧回路。

4)其他部分:有绝缘外壳、弹簧、短路环、传动机构等。

当线圈通电后衔铁被吸动,电磁系统的吸力克服反作用弹簧及触头弹簧的反作用力,动触头和静触头接通,主电路接通。当线圈断电时,衔铁和动触头在反作用力作用下运动,触头断开并产生电弧,电弧在触头回路电动力及气动力的驱动下,在灭弧室中受到强烈冷却游离而熄灭,主电路最后切断。

2. 交流接触器的分类

交流接触器的种类很多,其分类方法也不尽相同,大致有以下几种。

1) 按主触头极数分类，可分为单极、双极、三极、四极和五极交流接触器。单极交流接触器主要用于单相负载，如照明负载、电焊机等；双极交流接触器用于绕线转子异步电动机的转子回路中，启动时用于短接启动绕组；三极交流接触器用于三相负载，如在电动机的控制和其他场合，使用最为广泛；四极交流接触器主要用于三相四线制的照明电路，也可用来控制双回路电动机负载；五极交流接触器用来组成自耦补偿启动器或控制笼型电动机，用来变换绕组接法。

2) 按灭弧介质分类，可分为空气式交流接触器和真空式交流接触器等。依靠空气绝缘的接触器用于一般负载，而采用真空绝缘的接触器常用在煤矿、石油、化工企业及电压为660 V和1 140 V等一些特殊场合。

3) 按有无触头分类，可分为有触头式交流接触器和无触头式交流接触器。常见的交流接触器多为有触头式交流接触器，而无触头式交流接触器属于电子技术应用的产物，一般采用晶闸管作为回路的通断元件。由于晶闸管导通时所需的触发电压很小，而且回路通断时无火花产生，因而可用于高操作频率的设备和易燃、易爆及无噪声的场合。

3. 交流接触器的主要技术参数

（1）普通交流接触器的主要技术参数

1) 额定电压：指主触头额定工作电压应等于负载的额定电压。一只交流接触器常规定几个额定电压，同时列出相应的额定电流或控制功率。通常最大工作电压即为额定电压，常用的额定电压值为220 V、380 V和660 V等。

2) 额定电流：指交流接触器触头在额定工作条件下的电流值。常用额定电流等级为5 A、10 A、20 A、40 A、60 A、100 A、150 A、250 A、400 A和600 A。对于CJX系列交流接触器，则有9 A、12 A、16 A、22 A、32 A、38 A、45 A、63 A、75 A、85 A、110、140 A和170 A。

3) 通断能力：可分为最大接通电流和最大分断电流。最大接通电流是指触头闭合时不会造成触头熔焊的最大电流值，最大分断电流是指触头断开时可靠灭弧的最大电流。一般通断能力是额定电流的5~10倍，当然这一数值与通断电路的电压等级有关，电压越高，通断能力越小。

4) 动作值：可分为吸合电压和释放电压。吸合电压是指交流接触器吸合前，缓慢增加吸合线圈两端的电压，交流接触器可以吸合时的最小电压。释放电压是指交流接触器吸合后，缓慢降低吸合线圈两端的电压，交流接触器释放时的最大电压。一般规定，吸合电压不低于线圈额定电压的85%，释放电压不高于线圈额定电压的70%。

5) 吸引线圈额定电压：指交流接触器正常工作时，吸引线圈上所加的电压值。一般该电压数值以及线圈的匝数、线径等数据均标于线包上，而不是标于交流接触器外壳的铭牌上，使用时应加以注意。

6) 操作频率：交流接触器在吸合瞬间，吸引线圈需消耗比额定电流大5~7倍的电流，如果操作频率过高，则会使线圈严重发热，直接影响交流接触器的正常使用。为此，规定了交流接触器的允许操作频率，一般为每小时允许操作次数的最大值。

7) 寿命：包括交流接触器的电气寿命和机械寿命。目前交流接触器的机械寿命已达到一千万次以上，电气寿命为机械寿命的5%~20%。

常见交流接触器的使用类别、典型用途及主触头的接通和分断能力见表2-8。

表 2-8　常见交流接触器的使用类别、典型用途及主触头的接通和分断能力

电流种类	使用类别	主触头接通和分断能力	典型用途
AC（交流）	AC1	允许接通和断开额定电流	无感或微感负载、电阻炉
	AC2	允许接通和断开 4 倍额定电流	绕线转子异步电动机的启动和制动
	AC3	允许接通 6 倍额定电流和断开额定电流	笼型异步电动机的启动和运转中断开
	AC4	允许接通和断开 6 倍额定电流	笼型异步电动机的启动、反转、反接制动和点动
DC（直流）	DC1	允许接通和断开额定电流	无感或微感负载、电阻炉
	DC3	允许接通和断开 4 倍额定电流	并励直流电动机的启动、反转、反接制动和点动
	DC5	允许接通和断开 4 倍额定电流	串励直流电动机的启动、反转、反接制动和点动

（2）典型交流接触器产品

常用的交流接触器是空气电磁式交流接触器，典型产品有 CJ20、CJ21、CJ26、CJ35、CJ40、NC、B、LC1 – D、3TB 和 3TF 系列交流接触器等。

CJ20 系列交流接触器型号含义如图 2-30 所示，其主要技术数据见表 2-9。

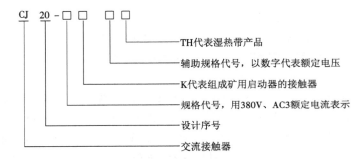

图 2-30　CJ20 系列交流接触器型号表示

表 2-9　部分 CJ20 系列交流接触器的主要技术数据

型号	极数	额定工作电压/V	额定工作电流/A	额定操作频率 AC3/（次/h）	寿命/万次 机械	寿命/万次 电气	380 V、AC3 类工作制下电动机功率/kW	辅助触头组合
CJ20 – 10	3	220	10	1 200			2.2	1 开 3 闭
		380	10	1 200			4	2 开 2 闭
		660	5.8	600			7	3 开 1 闭
CJ20 – 16		220	16	1 200	1 000	100	4.5	
		380	16	1 200			7.5	
		660	13	600			11	
CJ20 – 25		220	25	1 200			5.5	
		380	25	1 200			11	
		660	16	600			13	2 开 2 闭
CJ20 – 40		220	40	1 200			11	
		380	40	1 200			22	
		660	25	600			22	

（3）交流接触器符号表示

交流接触器符号表示如图2-31所示。

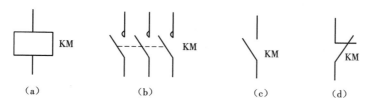

图2-31　交流接触器符号表示

（a）线圈；（b）常开主触头；（c）常开辅助触头；（d）常闭辅助触头

4. 交流接触器的选用

1）交流接触器极数和电流种类的确定。交流接触器的极数根据用途确定,交流接触器的电流种类应根据电路中负载电流的种类来选择。

2）根据交流接触器所控制负载的工作任务来选择相应类别的交流接触器。

3）根据负载功率和操作情况来确定交流接触器主触头的电流等级。应根据控制对象的类型和使用场合,合理选择交流接触器主触头的额定电流。控制电阻性负载时,主触头的额定电流应等于负载的额定电流。控制电动机时,主触头的额定电流应大于或稍大于电动机的额定电流。当交流接触器用于频繁启动、制动及正反转的场合时,应将主触头的额定电流降低一个等级使用。

4）根据交流接触器主触头接通与分断主电路的电压等级来选择交流接触器的额定电压。所选交流接触器主触头的额定电压应大于或等于控制电路的电压。

5）交流接触器吸引线圈的额定电压应由控制电路的电压确定。当控制电路简单,使用电器较少时,应根据电源等级选用380 V或220 V的电压。当电路较复杂时,从人身和设备安全的角度考虑,可选择36 V或110 V的电压,此时增加相应变压器设备的容量。

6）交流接触器触头数和种类应满足主电路和控制电路的要求。

5. 交流接触器的安装与使用

交流接触器一般应安装在垂直面上,倾斜度不得超过5°,若有散热孔,则应将有散热孔的一面放在垂直方向上,以利于散热。安装和接线时,注意不要将零部件丢失或掉入交流接触器内部,安装孔的螺钉应装有弹簧垫圈和平垫圈,并拧紧螺钉以防振动引起的松脱。

交流接触器还可作为欠电压和失电压保护用,它的吸引线圈在电压为额定电压85% ~ 105%范围内保证电磁铁的吸合,但当电压降到额定电压的50%以下时,衔铁吸力不足,将自动释放而断开电源,以防止电动机中的过电流。

有的交流接触器触头嵌有银片,银氧化后不影响导电能力,这类触头表面发黑,一般不需清理。带灭弧罩的交流接触器不允许不带灭弧罩使用,以防止短路事故。陶土灭弧罩质脆易碎,应避免碰撞,若有碎裂,应及时更换。

6. 交流接触器的故障及排除方法

（1）触头的故障维修及调整

触头的一般故障有触头过热、磨损及熔焊等,其检修程序如下。

1）检查触头表面的氧化情况和有无污垢。银触头氧化层的电导率和纯银差不多，故银触头氧化时可不做处理。铜触头氧化后，要用小刀轻轻刮去其表面的氧化层。如果触头有污垢，可用有机溶剂将其清洗干净。

2）观察触头表面有无灼伤，如果有，要用小刀或整形锉修整触头表面，但不要修整得过于光滑，否则会使触头表面接触面减小。不可用纱布或砂纸打磨触头。

3）触头如果有熔焊，应更换触头。如果因触头容量不够而产生熔焊，则选用容量大一级的电器。

4）检查触头的磨损情况。若触头磨损到只有 1/3～1/2 厚度时，应更换触头。检查触头有无机械损伤使弹簧变形，造成压力不够。若有，则应调整弹簧压力，使触头接触良好，可用纸条测试触头压力，方法是将一条比触头宽的纸条放在动、静触头之间，若纸条很容易拉出，说明触头压力不够。一般对于小容量电器的触头，稍用力纸条便可拉出；对于较大容量的电器的触头，纸条拉出后有撕裂现象，均说明触头压力比较适合，若纸条被拉断，则说明触头压力太大。如果调整达不到要求，则应更换弹簧。

（2）电磁机构的故障维修

由于静铁芯和衔铁的端面接触不良或衔铁歪斜及短路损坏等都会造成电磁机构噪声过大，甚至引起线圈过热或烧毁。以下为电磁机构的几种常见故障及处理方法。

1）衔铁噪声大。修理时先拆下线圈，检查静铁芯和衔铁间的接触面是否平整，若不平整，应修平接触面。如果接触面有油污，要清洗干净，若静铁芯歪斜或松动，则应加以校正或紧固。检查短路环有无断裂，如果有，可用铜条或粗铜丝按原尺寸制好，在接口处气焊并修平即可。

2）线圈故障。由于线圈绝缘损坏或机械损伤造成的匝间短路或接地、电源电压过高以及静铁芯和衔铁接触不紧密，均可导致线圈电流过大，引起线圈过热甚至烧毁。烧毁的线圈应予以更换。但是如果线圈短路的匝数不多，且短路点又接近线圈的端头处，其余部分完好，可将损坏的几圈去掉，继续使用。

3）衔铁吸不上。线圈通电后衔铁不能被静铁芯吸合，应立即切断电源，以免烧毁线圈。若线圈通电后无振动和噪声，则应检查线圈引出线连接处有无脱落，并用万用表检查是否断线或烧毁。若线圈通电后有较大的振动和噪声，则应检查活动部分是否被卡住，静铁芯和衔铁之间是否有异物。

（3）其他故障

接触器除了触头和电磁机构的故障，还常见下列故障。

1）触头断相。由于某相主触头接触不好或连接螺钉松脱，使电动机缺相运行，此时电动机会发出"嗡嗡"声，应立即停车检修。

2）触头熔焊。接触器主触头因长期通过过载电流引起两相或三相主触头熔焊，此时虽然按停止按钮，但主触头却不能分断，电动机不会停转，并发出"嗡嗡"声。此时应立即切断控制电动机的前一级开关，停车检查并修理。

3）灭弧罩碎裂。接触器不允许无灭弧罩使用，灭弧罩碎裂后应及时更换。

2.1.6 热继电器

在电动机拖动生产机械进行工作过程中，若机械出现不正常的情况或电路异常使电动机遇到过载，则电动机转速下降，绕组中电流将增大，使得电动机的绕组温度升高。若过载电流不大且过载的时间较短,电动机绕组不超过允许温升,这种过载是允许的。但若过载时间长、过载电流大,电动机绕组的温升就会超过允许值,使电动机绕组老化,缩短电动机的使用寿命,严重时甚至会使电动机绕组烧毁。

热继电器(图 2-32)是一种电动机的长期过载保护元件。当电动机有过载现象时,线路中电流增大,产热功率也增大,当长期过载时,热继电器会切断电路,对电动机进行保护。因为是利用电流的热效应原理,在出现电动机不能承受的过载时切断电动机电路,为电动机提供过载保护,所以称为热继电器。因其体积小、结构简单、成本低等优点,在生产中得到了广泛应用。在电力拖动控制系统中应用最广的是双金属片式热继电器。

图 2-32　热继电器

1. 热继电器的结构及工作原理

双金属片热继电器由发热元件、双金属片、触点、传动和调整机构、复位按钮、电流整定装置及温度补偿元件等部分组成,如图 2-33 所示。

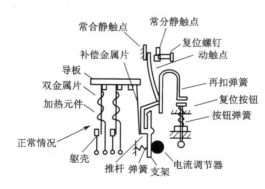

图 2-33　双金属片热继电器结构原理图

发热元件是一段阻值不大的电阻丝,串接在被保护电动机的主电路中。双金属片由两种不同热膨胀系数的金属片辗压而成。

使用热继电器对电动机进行过载保护时,将发热元件与电动机的定子绕组串联,将热继电器的常闭触头串联在交流接触器的电磁线圈的控制电路中,并调节整定电流调节旋钮,使人字形拨杆与推杆相距一适当距离。当电动机正常工作时,通过热元件的电流即为电动机的额定电流,热元件发热,双金属片受热后弯曲,使推杆刚好与人字形拨杆接触,而又不能推动人字形拨杆。常闭触头处于闭合状态,交流接触器保持吸合,电动机正常运行。若电动机出现过载情况,绕组中电流增大,通过热继电器元件中的电流增大使双金属片温度升得更高,弯曲程度加大,推动人字形拨杆,人字形拨杆推动常闭触头,使触头断开而断开交流接触器线圈电路,使接触器释放、切断电动机的电源,电动机停车而得到保护。

由于发热元件具有热惯性,故热继电器在电路中不能用于瞬时过载保护,更不能用于短路保护,所以在电机拖动系统中,应用熔断器用作电路的短路保护,应用热继电器用作电动机的过载保护。

2. 热继电器的典型产品及主要技术参数

常用的热继电器有 JR20、JRS1、JR36、JR21、3UA5、3UA6、LR1－D 和 T 系列。后四种是引入国外技术生产的。JR20 系列具有断相保护、温度补偿、整定电流值可调、手动脱扣、自动复位以及动作后的信号指示等功能。

2.1.7　控制按钮

控制按钮是一种结构简单、应用广泛的主令电器,主要用于远距离操作具有电磁线圈的电气元件,如接触器、继电器等,也用于控制电路中发布指令和执行电气联锁。

1. 控制按钮的结构及工作原理

控制按钮一般由按钮、复位弹簧、触头和外壳等部分组成,其结构示意图如图 2-34 所示。

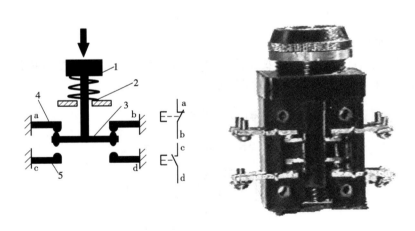

图 2-34　控制按钮结构及工作原理
1—按钮帽;2—复位弹簧;3—动触头;4—常闭静触头;5—常开静触头

每个控制按钮中的触头形式和数量可根据需要装配成一常开一常闭到六常开六常闭等形式。按下按钮时,先断开常闭触头,后接通常开触头;当松开按钮时,在复位弹簧的作用下,常开触头先断开,常闭触头后闭合。控制按钮按保护形式分为开启式、保护式、防水式和防腐式等;按结构形式分为嵌压式、紧急式、钥匙式、带信号灯式、带灯揿钮式以及带灯紧急式等;按钮颜色有红、黑、绿、黄、白、蓝等,一般以红色表示停止按钮,绿色表示启动按钮。

2. 控制按钮的技术参数和符号

（1）控制按钮的技术参数

控制按钮的主要技术参数有额定电压、额定电流、结构形式、触头数量及按钮颜色等。常用的控制按钮的额定电压为交流 380 V，额定工作电流为 5 A。

常用的控制按钮有 LA18、LA19、LA20 及 LA25 等系列。LA20 系列控制按钮的主要技术数据见表 2-10。

表 2-10　LA20 系列控制按钮的主要技术数据

型号	触头数量		结构形式	按钮		指示灯	
	常开	常闭		数量	颜色	电压/V	功率/W
LA20 – 11	1		揿钮式	1	红、绿、黄、蓝或白		
LA20 – 11J	1	1	紧急式	1	红		
LA20 – 11D		1	带灯揿钮式	1	红、绿、黄、蓝或白	6	1
LA20 – 11DJ	1	1	带灯紧急式	1	红	6	1
LA20 – 22	2	2	揿钮式	1	红、绿、黄、蓝或白		
LA20 – 22J	2	2	紧急式	1	红		
LA20 – 22D	2	2	带灯揿钮式	1	红、绿、黄、蓝或白	6	1
LA20 – 22DJ	2	2	带灯紧急式	1	红	6	1
LA20 – 2K	2	2	开启式	2	白红或绿红		
LA20 – 3K	3	3	开启式	3	白、绿、红		
LA20 – 2H	2	2	保护式	2	白红或绿红		
LA20 – 3H	3	3	保护式	3	白、绿、红		

（2）控制按钮的符号表示

控制按钮的符号表示如图 2-35 所示。

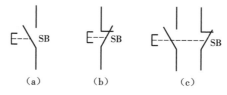

图 2-35　控制按钮符号表示
（a）常开触头；（b）常闭触头；（c）复式触头

3. 控制按钮的选用原则

控制按钮的选用原则如下。

1）根据使用场合，选择控制按钮的种类，如开启式、防水式及防腐式等。

2）根据用途，选择控制按钮的结构形式，如钥匙式、紧急式及带灯式等。

3）根据控制回路的需求，确定按钮数量，如单钮、双钮、三钮及多钮等。

4）根据工作状态指示和工作情况的要求，选择按钮及指示灯的颜色。

任务解决

根据电动机运行特征,拖动系统中选择低压断路器作为隔离开关,选择熔断器作为短路保护元件,交流接触器接通和断开电机运行,热继电器作为过载保护元件,控制按钮作为主令电器。

部分 Y 系列三相异步电动机参数如表 2-11 所示。

表 2-11　部分 Y 系列三相异步电动机参数

型　号	额定功率	额定电流	转速	效率	功率因数	堵转转矩/额定转矩	堵转电流/额定电流	最大转矩/额定转矩	噪声		振动速度	质量
									1 级	2 级		
	kW	A	r/min	%	cos φ	倍	倍	倍	dB(A)		mm/s	kg
同步转速　3 000 r/min　　2 级												
Y80M1 - 2	0.75	1.8	2 830	75.0	0.84	2.2	6.5	2.3	66	71	1.8	17
Y80M2 - 2	1.1	2.5	2 830	77.0	0.86	2.2	7.0	2.3	66	71	1.8	18
Y90S - 2	1.5	3.4	2 840	78.0	0.85	2.2	7.0	2.3	70	75	1.8	22
Y90L - 2	2.2	4.8	2 840	80.5	0.86	2.2	7.0	2.3	70	75	1.8	25
Y100L - 2	3	6.4	2 880	82.0	0.87	2.2	7.0	2.3	74	79	1.8	34
Y112M - 2	4	8.2	2 890	85.5	0.87	2.2	7.0	2.3	74	79	1.8	45
Y132S1 - 2	5.5	11.1	2 900	85.5	0.88	2.0	7.0	2.3	78	83	1.8	67
Y132S2 - 2	7.5	15	2 900	86.2	0.88	2.0	7.0	2.3	78	83	1.8	72
Y160M1 - 2	11	21.8	2 930	87.2	0.88	2.0	7.0	2.3	82	87	2.8	115
Y160M2 - 2	15	29.4	2 930	88.2	0.88	2.0	7.0	2.3	82	87	2.8	125
Y160L - 2	18.5	35.5	2 930	89.0	0.89	2.0	7.0	2.2	82	87	2.8	145
Y180M - 2	22	42.2	2 940	89.0	0.89	2.0	7.0	2.2	87	92	2.8	173
Y200L1 - 2	30	56.9	2 950	90.0	0.89	2.0	7.0	2.2	90	95	2.8	232
Y200L2 - 2	37	69.8	2 950	90.5	0.89	2.0	7.0	2.2	90	95	2.8	250
Y225M - 2	45	84	2 970	91.5	0.89	2.0	7.0	2.2	90	97	2.8	312
Y250M - 2	55	103	2 970	91.5	0.89	2.0	7.0	2.2	92	97	4.5	387
Y280S - 2	75	139	2 970	92.0	0.89	2.0	7.0	2.2	94	99	4.5	515
Y280M - 2	90	166	2 970	92.5	0.89	2.0	7.0	2.2	94	99	4.5	566
Y315S - 2	110	203	2 980	92.5	0.89	1.8	6.8	2.2	99	104	4.5	922
Y315M - 2	132	242	2 980	93.0	0.89	1.8	6.8	2.2	99	104	4.5	1 010
Y315L1 - 2	160	292	2 980	93.5	0.89	1.8	6.8	2.2	99	104	4.5	1 085
Y315L2 - 2	200	365	2 980	93.5	0.89	1.8	6.8	2.2	99	104	4.5	1 220
Y355M1 - 2	220	399	2 980	94.2	0.89	1.2	6.9	2.2	109		4.5	1 710
Y355M2 - 2	250	447	2 985	94.5	1.2	1.2	7.0	2.2	111		4.5	1 750
Y355L1 - 2	280	499	2 985	94.7	0.90	1.2	7.1	2.2	111		4.5	1 900
Y355L2 - 2	315	560	2 985	95.0	0.90	1.2	7.1	2.2	111		4.5	2 105

子任务2 三相异步电动机直接启动控制

任务解决

2.2.1 用刀开关直接控制电机启停的控制系统

车间一些小型加工设备和一些农用设备,电动机功率相对较小且不长时间工作,如砂轮机、小型锯床、农用粉碎机等,一般都选择用闸刀开关直接控制电动机的启动和停止。电气原理图如图2-36所示。

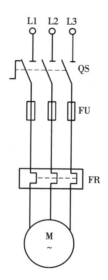

图2-36 用刀开关直接控制电机的启动

2.2.2 用接触器控制电动机直接启动的控制系统

机电设备上电动机的启停要求用交流接触器控制,用交流接触器主触头的通断控制电动机的启动和停止及其他运行状态。

对于10 kW以下或所在电网容量较大的电动机,可采用全电压直接启动的方法。控制线路如图2-37所示。

电路的工作原理如下:先合上电源开关QS,按下启动按钮SB→KM线圈得电→KM主触头闭合→电动机运行;当松开SB线圈断电→KM线圈失电→KM主触头断开→电动机停止。

因为控制按钮SB内部复位弹簧的原因,当按下按钮时电机运行,当松开按钮则电机停止,这种控制方式为电动机的点动控制。

为了在松开控制按钮电机仍可继续运转,可在SB2控制按钮处并联一接触器KM的辅助触头,如图2-38所示。

电路的工作原理如下:先合上电源开关QS,按下启动按钮SB2→KM线圈得电→KM主触头、辅助触头闭合→电动机运行→松开按钮SB2→KM辅助触头继续闭合→电动机继续运行;当按下SB1线圈断电→KM线圈失电→KM主触头断开→电动机停止。

在这个电路中,即使松开启动按钮SB2,电动机也能继续运行,这种用接触器KM的辅

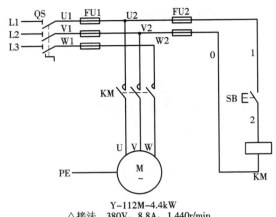

图 2-37　全电压启动线路

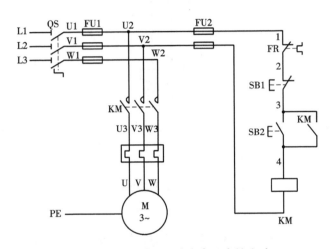

图 2-38　带自锁回路的全电压直接启动

助触头保持电机连续运行的控制环节称为自保(自锁)。与启动按钮 SB2 并联的接触器的辅助触头称为自锁触头。

该电路中,熔断器 FU 起到短路保护作用,热继电器 FR 起到过载保护作用。

当电路电压降低或断电后,电磁力不足以使衔铁吸合,从而衔铁复位,电动机停止运行,所以该电路还有零压和失压保护。

知识拓展——点动与连续运行混合控制

电动机的点动与连续运行的区别在于,电动控制线路没有自锁环节。机床设备在正常运行时,一般都是在连续运行状态,但在试车或调整刀具与工件相对位置时,还需要点动控制,所以一般设备都要求电动机既能点动控制,又能实现连续运行控制,这种电路如图 2-39 所示。

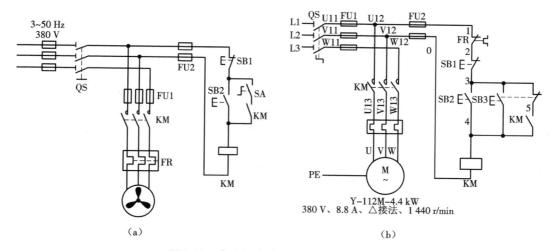

图 2-39　点动与连续运行混合控制的电路

（a）利用转换开关实现混合控制；（b）利用按钮的复合结构实现混合控制

子任务 3　三相异步电动机减压启动控制

任务描述

为一台 13 kW 的三相异步电动机设计启动控制线路，要求电动机启动时不会对电网及其他用电设备造成冲击。

知识储备

2.3.1　减压启动控制

三相异步电动机的启动电流一般可达额定电流的 4~7 倍，过大的启动电流一方面会造成电网电压的显著下降，直接影响在同一电网中工作的其他用电设备的正常工作；另一方面电动机频繁启动会严重发热，加速绕组老化，缩短电动机的使用寿命。因此直接启动只适用于小容量电动机，当电动机容量较大（大于 10 kW）时，一般采用减压启动。

减压启动是指电动机在启动时，降低加在定子绕组上的电压，待电动机启动、转速升高后，将定子绕组电压升高至额定电压，使电动机在额定电压下运行。

减压启动的目的是降低启动电流，但是在启动电流降低的同时，启动转矩也随之降低，因此减压启动只适用于空载或轻载下使用。

常用的减压启动方法有定子绕组串电阻减压启动、星形 – 三角形（Y-△）减压启动、自耦变压器减压启动和延边三角形减压启动。

2.3.2　电磁式中间继电器

电磁式中间继电器用途很广，电路中若主继电器的触头容量不足，或为了同时接通和断开几个回路需要多对触头时，或一套装置有几套保护需要用共同的出口继电器等，都要采用中间继电器。电磁式中间继电器实质上是一种电磁式电压继电器，其特点是触头数量较多，在电路中起到增加触头数量和中间放大作用。由于中间继电器只要求线圈电压为零时能可靠释放,对动作参数无要求,故中间继电器没有调节装置。

电磁式中间继电器的基本结构和工作原理与接触器基本相同,故又称为接触器式继电器。所不同的是中间继电器的触头对数较多,并且没有主触头、辅助触头之分,各对触头允许通过的电流大小是相同的,其额定电流约为 5 A。

按电磁式中间继电器线圈电压种类的不同,有直流中间继电器和交流中间继电器两种。有些电磁式直流继电器更换不同电磁线圈后便可成为直流电压、直流电流及直流中间继电器,若在铁芯柱上套有阻尼套筒,又可成为电磁式时间继电器。因此,这类继电器具有通用性,又称为通用继电器。

常用的电磁式中间继电器有 JZ7、JDZ2、JZ14 等系列。中间继电器的符号表示如图 2-40所示。

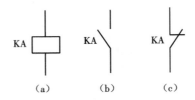

图 2-40　中间继电器符号表示
(a)线圈;(b)常开触头;(c)常闭触头

2.3.3　时间继电器

继电器输入信号后,经一定的延时才有输出信号的继电器称为时间继电器。对于电磁式时间继电器,当电磁线圈通电或断电后,经一段时间延时触头状态才发生变化,即延时触头才动作。

时间继电器种类很多,按照延时原理不同,有电磁阻尼式时间继电器、空气阻尼式时间继电器、电动机式时间继电器和电子式时间继电器等。

按延时方式可分为通电延时时间继电器和断电延时时间继电器。通电延时时间继电器接收输入信号后延迟一定时间,输出信号才发生变化;当输入信号消失后,输出瞬时复原。断电延时时间继电器接收输入信号后,瞬时产生相应的输出信号;当输入信号消失后,延迟一定时间,输出信号才复原。

1. 空气阻尼式时间继电器

空气阻尼式时间继电器由电磁机构、延时机构和触头系统三部分组成,它利用空气阻尼原理达到延时的目的。

空气阻尼式时间继电器的延时方式有通电延时型和断电延时型两种,其外观区别在于当衔铁位于静铁芯和延时机构之间时为通电延时型,当静铁芯位于衔铁和延时机构之间时为断电延时型。图 2-41 为 JS7 - A 系列空气阻尼式时间继电器的结构原理图。

通电延时型时间继电器的工作原理:当线圈 1 通电后,衔铁 3 吸合,活塞杆 6 在塔形弹簧 7 作用下带动活塞 13 及橡胶膜 9 向上移动,橡胶膜下方空气室内空气变得稀薄,形成负压,活塞杆 6 只能缓慢移动,其移动速度由进气孔 12 气隙大小决定;经一段延时后,活塞杆 6 通过杠杆 15 压动微动开关 14,使其触头动作,起到通电延时作用;当线圈 1 断电时,衔铁 3释放,橡胶膜 9 下方空气室内的空气通过活塞肩部所形成的单向阀迅速排出,使活塞杆、杠

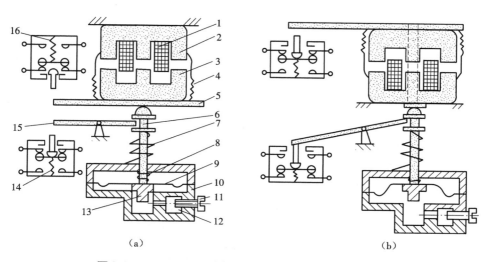

图 2-41　JS7 – A 系列空气阻尼式时间继电器结构原理图

（a）通电延时型；（b）断电延时型

1—线圈；2—静铁芯；3—衔铁；4—反力弹簧；5—推板；6—活塞杆；
7—塔形弹簧；8—弱弹簧；9—橡胶膜；10—空气室壁；11—调节螺钉；
12—进气孔；13—活塞；14，16—微动开关；15—杠杆

杆、微动开关迅速复位。由线圈通电至触头动作的一段时间即为时间继电器的延时时间,延时长短可通过调节螺钉 11 来调节进气孔 12 的气隙大小来改变。微动开关 16 在线圈通电或断电时,在推板 5 的作用下都能瞬时动作,其触头为时间继电器的瞬动触头。

空气阻尼式时间继电器的延时时间有 0.4 ~ 180 s 和 0.4 ~ 60 s 两种规格,具有延时范围较宽、结构简单、价格低廉、工作可靠及寿命长等优点,是机床电气控制电路中常用的时间继电器。但因其延时精度较低、没有调节指示,只适用于延时精度要求不高的场合。

JS7 – A 系列空气阻尼式时间继电器的主要技术数据见表 2-12。

表 2-12　JS7-A 系列空气阻尼式时间继电器的主要技术数据

型号	吸引线圈电压 /V	触头额定电流 /A	触头额定电压 /V	延时范围	延时触头数				瞬动触头数	
					通电延时		断电延时		常开	常闭
					常开	常闭	常开	常闭		
JS7 – 1A	24、36、110、127、220、380、440	5	380	均有 0.4 ~ 60 s 和 0.4 ~ 180 s 两种产品	1	1	—	—	—	—
JS7 – 2A					1	1	—	—	1	1
JS7 – 3A					—	—	1	1	—	—
JS7 – 4A					—	—	1	1	1	1

时间继电器的符号表示如图 2-42 所示。

2. 时间继电器的选用

1）根据控制电路的控制要求选择时间继电器的延时类型。

2）根据对延时精度不同要求选择时间继电器的类型。对延时精度要求不高的场合,一

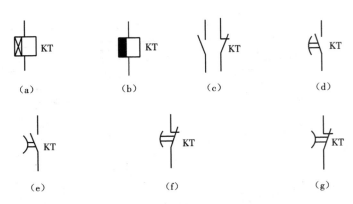

图 2-42　时间继电器的符号表示

(a)通电延时型线圈；(b)断电延时型线圈；(c)瞬动触头；
(d)通电延时闭合的常开触头；(e)断电延时断开的常开触头；
(f)通电延时断开的常闭触头；(g)断电延时闭合的常闭触头

般选用电磁式或空气阻尼式时间继电器；对延时精度要求高的场合,应选用晶体管式或电动机式时间继电器。

3)应考虑环境温度变化的影响。在环境温度变化较大的场合,不宜采用晶体管时间继电器。

4)应考虑电源参数变化的影响。对于电源电压波动大的场合,选用空气阻尼式比采用晶体管式好;而在电源频率波动大的场合,则不宜采用电动机式时间继电器。

5)考虑延时触头种类、数量和瞬动触头种类、数量是否满足控制要求。

3. 时间继电器的故障及排除

空气阻尼式时间继电器的气室因装配不严而漏气或橡胶膜损坏,会使延时缩短甚至不延时,此时应重新装配气室、更换损坏或老化的橡胶膜。如果排气孔阻塞,时间继电器的延时时间会变长,此时可拆开气室,清除气道中的灰尘。

任务解决

1. 星形－三角形(Y－△)减压启动控制线路

星形－三角形(Y－△)减压启动控制原理图如图 2-43 所示。

电路原理:合上 QS,按下 SB2→KM1 线圈得电,辅助触点闭合→自锁,主触点闭合→KM3 线圈得电,主触点闭合→M 定子绕组接线成 Y 降压启动(KM3 辅助常闭触点断开→KM2 不能同时得电)→KT 得电延时→常闭触点断开→KM3 线圈失电→主触点断开→电动机定子绕组 Y 接法断开;延时闭合常开触点闭合→KM2 线圈得电,主触点闭合→电动机定子绕组△接法全压运行,KM2 辅助常闭触点断开→互锁。

星形－三角形(Y－△)减压启动适用于正常运行时定子绕组连接为三角形的电动机,控制原理简单,安装接线方便,但是启动转矩相对较小。

2. 自耦变压器降压启动

自耦变压器降压启动是指电动机启动时利用自耦变压器来降低加在电动机定子绕组上的启动电压。待电动机启动后,再使电动机与自耦变压器脱离,从而在全压下正常运动。

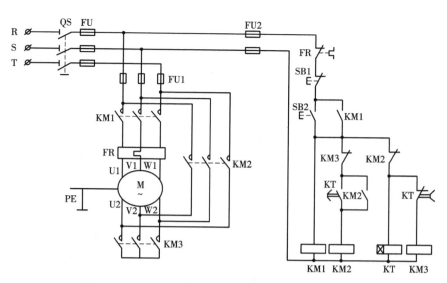

图2-43　星形－三角形(Y－△)减压启动控制原理图

可以按允许的启动电流和所需的启动转矩来选择自耦变压器的不同抽头实现降压启动,而且不论电动机的定子绕组采用 Y 或△接法都可以使用。但是自耦变压器降压启动线路中,所有设备体积大,投资较高。

自耦变压器降压启动控制电路如图2-44所示。

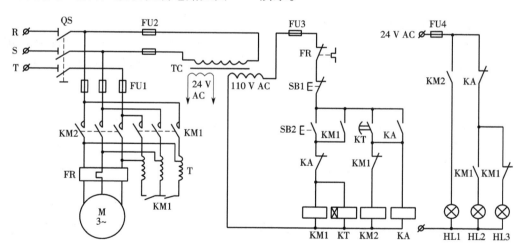

图2-44　自耦变压器降压启动控制电路

3. 定子绕组串电阻减压启动

定子绕组串电阻减压启动是指电动机启动时在定子绕组中串接电阻,通过电阻的分压作用使电动机定子绕组上的电压减小,待电动机转速上升至接近额定转速时,将电阻切除,使电动机在额定电压下正常工作。这种启动方式适用于电动机容量不大、启动不频繁且平稳的场合,其特点是启动转矩小、加速平滑,但电阻上的能量损耗大。

定子绕组串电阻减压启动控制电路如图2-45所示。

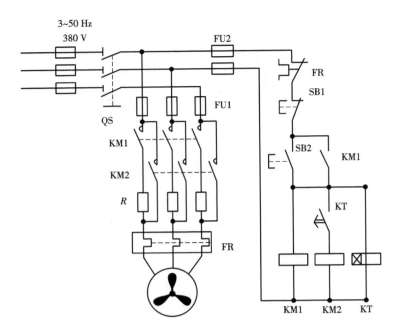

图 2-45　定子绕组串电阻减压启动控制电路

知识拓展

1. 三相绕线式异步电动机的启动控制

对于绕线式异步电动机,转子绕组串电阻启动控制线路通常将串接在三相转子绕组回路中的启动电阻按星形接线。电动机启动时,启动电阻全部接入电路,在启动过程中,启动电阻被逐级短接。

2. 电流原则转子串电阻启动控制线路

电流原则转子串电阻启动控制电路如图 2-46 所示。

（1）主电路

$R_1 \sim R_3$ 为转子外串电阻；KA1 ~ KA3 为转子电流检测用电流继电器（欠流复位型）；KM1 ~ KM3 为转子电阻的旁路接触器。

（2）控制电路分析

按动启动按钮 SB2→KM4 线圈通电自锁→中间继电器 KA4 线圈通电,转子串全电阻启动。

1）转速 $n\uparrow$,电流 $I\downarrow$→过流继电器 KA1 复位→KM1 线圈通电→切除转子电阻 R_1、$I\uparrow$。

2）随着转速 $n\uparrow$,电流 $I\downarrow$→过流继电器 KA2 复位→KM2 线圈通电→切除转子电阻 R_2、$I\uparrow$。

3）转速 $n\uparrow$,电流 $I\downarrow$→过流继电器 KA3 复位→KM3 线圈通电→切除 R_3,转速 n 上升直到电动机启动过程结束。

3. 时间原则转子串电阻启动控制线路

时间原则转子串电阻启动控制电路如图 2-47 所示。

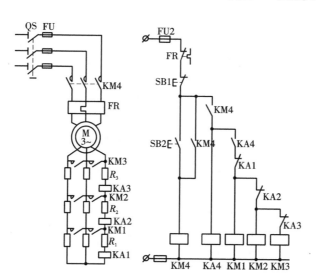

图 2-46　电流原则转子串电阻启动控制电路

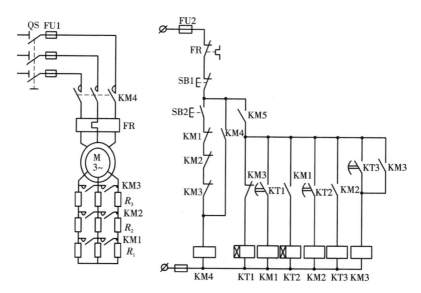

图 2-47　时间原则转子串电阻启动控制电路

（1）启动条件

KM1、KM2、KM3 均为原态时，方可启动。

（2）启动过程

按动 SB2→KM4 线圈自锁→电动机 M 串全电阻启动，同时 KT1 线圈通电延时→KM1 线圈通电→切除 R_1，同时 KT2 线圈通电延时→KM2 线圈通电→切除 R_2，同时 KT3 线圈通电延时→KM3 线圈通电自锁→切除 R_3，KT1、KM1、KT2、KM2、KT3 等线圈依次断电复位，启动过程结束。

4. 转子绕组串频敏变阻器启动控制线路

转子绕组串频敏变阻器启动控制电路如图 2-48 所示。

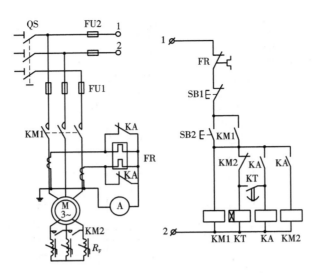

图 2-48　转子绕组串频敏变阻器启动控制电路

频敏变阻器的工作原理:随 $n\uparrow\rightarrow f_2\downarrow$,转子等效铁耗电阻自动减小,从而达到无级自动切除的目的。

（1）主电路

KM1 引入电源,转子 R_F 为频敏变阻器等效电阻,KM2 用于启动结束后切除频敏变阻器 R_F。

绕线式异步电动机通常采用过流继电器进行保护,图 2-48 采用热继电器作过载保护。

电动机功率及电流很大,热继电器可经电流互感器接入。为提高保护精度,启动时将热元件 FR 短接,运行时接入。

（2）控制电路启动过程分析

按动 SB2→KM1 线圈通电自锁→M 串 R_F 启动,同时 KT 通电延时→时间到,KA 线圈通电自锁→KM2 线圈通电→ KT 线圈断电复位,转子切除 R_F,M 进入运行状态。

任务 3　三相异步电动机运行控制线路设计

生产机械中,很多设备都需要有主轴的正反转运动及工作台的自动往返运动。例如 C650 卧式车床主轴的正反转运动、X6132 卧式铣床主轴的正反转及工作台的自动前后和左右运动,都需要电动机正反转自动控制来实现。

任务描述

为一功率为 2.2 kW 的三相异步电动机设计控制电路,使电动机能实现正反转自动控制。

知识储备

行程开关:依据生产机械的行程发出命令,以控制其运动方向和行程长短的主令电器称为行程开关。若将行程开关安装于生产机械行程的终点处,用以限制其行程,则称为限位开关或终端开关。但两者的文字符号表示不同,行程开关的文字符号为 ST,而限位开关文字符号为 SQ。

行程开关按接触方式分为机械结构的接触式有触头行程开关和电气结构的非接触式接近开关。机械结构的接触式有触头行程开关是依靠移动机械上的撞块碰撞其可动部件使常开触头闭合、常闭触头断开来实现对电路的控制。当工作机械上的撞块离开可动部件时,行程开关复位,触头恢复其原始状态。

行程开关按其结构可分为直动式、滚轮式和微动式三种。直动式行程开关结构原理如图 2-49 所示,它的动作原理与控制按钮相同,但它的缺点是触头分合速度取决于生产机械的移动速度,当移动速度低于 0.4 m/min 时,触头分断太慢,易受电弧烧蚀。为此,应采用盘形弹簧瞬时动作的滚轮式行程开关,如图 2-50 所示。当滚轮 1 受到向左的外力作用时,上转臂 2 向左下方转动,推杆 4 向右转动,并压缩右边弹簧 10,同时下面的小滚轮 5 也很快沿着擒纵杆 6 向右滚动,小滚轮滚动又压缩弹簧 9,当小滚轮 5 滚过擒纵杆 6 的中点时,盘形弹簧 3 和弹簧 9 都使擒纵杆 6 迅速转动,从而使动触头迅速地与右边静触头分开,并与左边静触头闭合,减少了电弧对触头的烧蚀。滚轮式行程开关适用于低速运行的机械。微动开关是具有瞬时动作和微小行程的灵敏开关。图 2-51 为 LX31 系列微动开关的结构示意图,当开关推杆 6 被机械作用压下时,弓簧片 2 产生变形,储存能量并产生位移,当达到临界点时,弓簧片 2 连同桥式动触头 5 瞬时动作。当外力失去后,推杆 6 在弓簧片 2 作用下迅速复位,动触头 5 恢复至原来状态。由于采用瞬动结构,动触头换接速度不受推杆压下速度的影响。

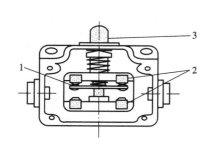

图 2-49　直动式行程开关

1—动触头;2—静触头;3—推杆

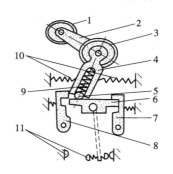

图 2-50　滚轮式行程开关

1—滚轮;2—上转臂;3—盘形弹簧;4—推杆;5—小滚轮;
6—擒纵杆;7—压板;8—压板;9—弹簧;10—弹簧;11—触头

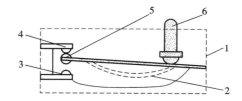

图 2-51　LX31 系列微动式行程开关

1—壳体;2—弓簧片;3—常开触头;4—常闭触头;5—动触头;6—推杆

常用的行程开关有 JLXK1、X2、LX3、LX5、LX12、LX19A、LX21、LX22、LX29 及 LX32 系列,微动开关有 LX31 系列和 JW 型。

JLXK1 系列行程开关的主要技术数据见表 2-13,行程开关的符号如图 2-52 所示。行程开关的选用原则如下:

1)根据应用场合及控制对象选择;

2)根据安装使用环境选择防护形式;

3)根据控制回路的电压和电流选择行程开关系列;

4)根据运动机械与行程开关的传力和位移关系选择行程开关的头部形式。

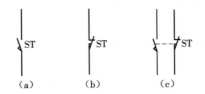

图 2-52　行程开关符号表示

(a)常开触头;(b)常闭触头;(c)复式触头

表 2-13　JLXK1 系列行程开关的主要技术数据

型　号	额定电压/V		额定电流/A	触头数量		结构形式
	交流	直流		常开	常闭	
JLXK1 – 111						单轮防护式
JLXK1 – 211						双轮防护式
JLXK1 – 111M						单轮密封式
JLXK1 – 211M						双轮密封式
JLXK1 – 311	500	440	5	1	1	直动防护式
JLXK1 – 311M						直动密封式
JLXK1 – 411						直动滚轮防护式
JLXK1 – 411M						直动滚轮密封式

电气结构的非接触式行程开关,是当生产机械接近它到一定距离范围内时,它就发出信号,控制生产机械的位置或进行计数,故称接近开关,其内容可参考其他相关书籍。

74

任务解决

1. 电动机正反转的手动控制电路

由三相异步电动机的工作原理可知,当改变通入电动机定子绕组三相电源的相序,即把接入电动机的三相电中的任意两相对调时,电动机就可以反转。所以正反转控制线路实质上是两个相反的单方向运行线路,在电路中,只需用两个接触器就可以实现,如图 2-53 所示。

电路工作原理:

1)闭合电源开关 QS,按下控制按钮 SB1→KM1 线圈通电→KM1 主触头闭合,辅助触头

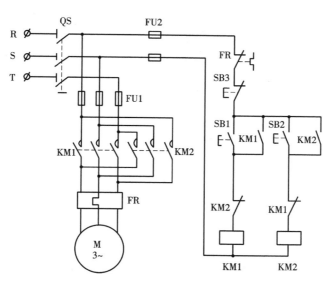

图 2-53　电动机正 – 停 – 反控制原理图

自锁→电动机正转→按下控制按钮 SB3→KM1 线圈断电→触头断开→电动机停止;

2)按下控制按钮 SB2→KM2 线圈通电→KM2 主触头闭合,辅助触头自锁→电动机反转→按下控制按钮 SB3→KM2 线圈断电→触头断开→电动机停止;

3)在 KM1 和 KM2 线圈所在回路中,串入了对方的常闭触点,如果当电动机在正转过程中,KM1 辅助常闭触点断开,即使按下反转控制按钮 SB3,KM2 线圈也不能接通;同样如果电动机在反转过程中按下正转按钮,也不能使其启动,这种将自己的常闭触点串入对方线圈回路中的环节叫作互锁(联锁)。

（1）正 – 停 – 反控制电路

如图 2-53 所示的电路,当电动机处于正转过程中时,必须先按停止按钮,然后再反向启动,这种控制线路称为正 – 停 – 反控制电路。

（2）正 – 反 – 停控制电路

大多生产设备一般都要求不停车实现电动机的正反转直接切换,即正 – 反 – 停控制。控制电路设计如图 2-54 所示。

在此控制电路中,既有 KM1 和 KM2 的常闭触点实现互锁,又有按钮 SB2 和 SB3 复合按钮的双重联锁,称为双重联锁控制电路。电路工作原理如下。

Ⅰ.启动控制

闭合电源开关 QS,电动机正向启动:按下正向启动按钮 SB2→其常闭触头断开,对 KM2 实现联锁,之后 SB2 常开触头闭合→KM1 线圈通电→其常闭触头断开,对 KM2 实现联锁,之后 KM1 自锁触头闭合,同时主触头闭合→电动机 M 定子绕组加正向电源直接正向启动运行。

电动机反向启动:按下反向启动按钮 SB3→其常闭触头断开,对 KM1 实现联锁,之后 SB3 常开触头闭合→KM2 线圈通电→其常闭触头断开,对 KM1 实现联锁,之后 KM2 自锁触头闭合,同时主触头闭合→电动机 M 定子绕组加反向电源直接反向启动。

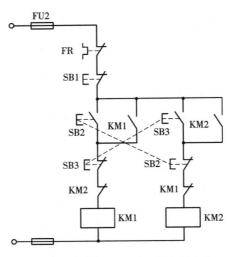

图 2-54　电动机正 - 反 - 停控制电路

Ⅱ. 停止控制

按下停止按钮 SB1→KM1（或 KM2）线圈断电→其主触头断开→电动机 M 定子绕组断电并停转。

这个电路既有接触器联锁，又有按钮联锁，称为双重联锁的可逆控制电路，为机床电气控制系统所常用。

2. 电动机正反转的自动控制电路

X6132 万能卧式铣床工作台有前后、左右及上下的自动运行，当运行到某一方向的限位时，工作台必须停止或反向运动。设备上常使用行程开关，将其用于运动装置的自动往返运动。工作台自动运动示意图如图 2-55 所示，其控制电路如图 2-56 所示。

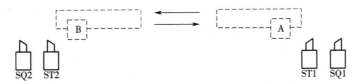

图 2-55　工作台自动往返运动示意图

电路工作原理：

1）闭合电源开关 QS，按下启动按钮 SB2→KM1 线圈得电并自锁→电动机正转→工作台向左移动至左移预定位置→挡铁 B 压下 ST2→ST2 常闭触头断开→KM1 线圈失电，随后 ST2 常开触头闭合→KM2 线圈得电→电动机由正转变为反转→工作台开始向右移动至右移预定位置→挡铁 A 压下 ST1→KM2 线圈失电，KM1 线圈得电→电动机由反转变为正转，工作台再次向左移动，如此周而复始地自动往返工作；

2）按下停止按钮 SB1→KM1（或 KM2）线圈失电→其主触头断开→电动机停转→工作台停止移动。

若因行程开关 ST1、ST2 失灵，则由极限保护限位开关 SQ1、SQ2 实现保护，避免运动部件因超出极限位置而发生事故。

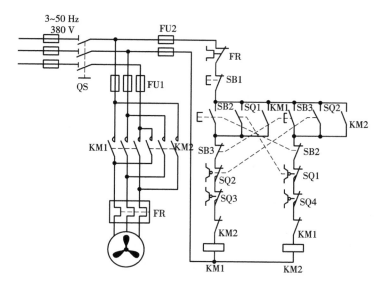

图 2-56　工作台自动往返运动控制电路

知识拓展

1. 多地控制

在两地或多地控制同一台电动机的控制方式称为电动机的多地控制。在大型生产设备上，为使操作人员在不同方位均能进行启、停操作，常常要求组成多地控制电路。

图 2-57 为两地联锁的控制电路。其中 SB2、SB1 为安装在甲地的启动按钮和停止按钮，SB4、SB3 为安装在乙地的启动按钮和停止按钮。电路的特点是启动按钮并联在一起，停止按钮串联在一起，即分别实现逻辑或和逻辑与的关系。这样就可以分别在甲、乙两地控制同一台电动机，达到操作方便的目的，对于三地或多地联锁控制，只要将各地的启动按钮并联、停止按钮串联即可实现。

2. 顺序控制

数控车床、铣床等一些设备，要求主轴电机先启动后，进给电机才能启动；或者某些设备在加工过程中必须有冷却要求，则在主电机启动前液压泵电机必须先启动，这些都是典型的顺序控制。控制原理如图 2-58 所示。

在 KM2 线圈回路中，串入了 KM1 的辅助常开触点，这样如果 M1 不启动，M2 就不会启动，实现了两个电机的顺序控制。

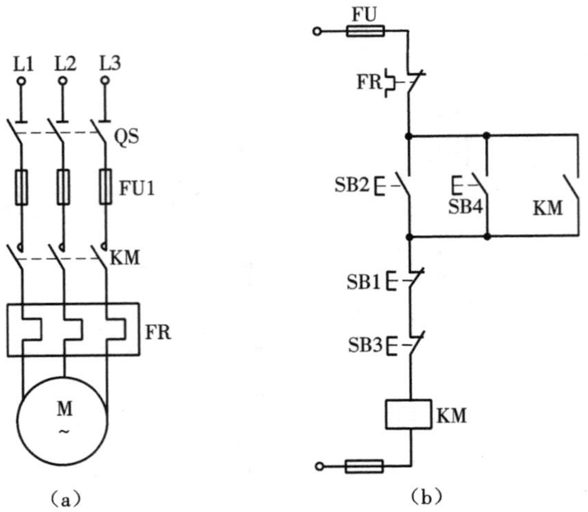

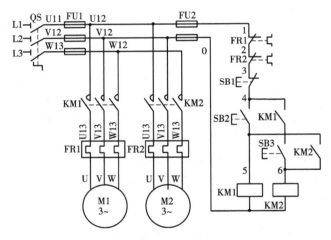

图 2-57 两地启停的控制电路

（a）主电路；（b）控制电路

图 2-58 顺序控制原理图

任务4 三相异步电动机制动控制线路设计

多数机电设备在停车时都要求快速平稳地停车，如果直接切断三相交流电，电机转子在惯性作用下会继续转动，如果需要快速停止，则需要对电动机进行制动控制。

制动就是给电动机一个与转动方向相反的转矩，使它迅速停转（或限制其转速）。制动的方法一般有机械制动和电气制动两类。

利用机械装置使电动机断开电源后迅速停转的方法叫机械制动。机械制动常用的方法有电磁抱闸和电磁离合器制动。

电气制动使电动机产生一个和转子转速方向相反的电磁转矩，使电动机的转速迅速下降。三相交流异步电动机常用的电气制动方法有能耗制动、反接制动和回馈制动。

任务描述

为一功率为 2.2 kW 的三相异步电动机设计制动控制电路,使电动机能快速平稳地停止。

知识储备——速度继电器

速度继电器是依靠速度大小使继电器动作与否的信号,配合接触器实现对电动机的反接制动,故速度继电器又称为反接制动继电器。

感应式速度继电器是靠电磁感应原理实现触头动作的。从结构上看,与交流电机类似,速度继电器主要由定子、转子和触头三部分组成,如图 2-59 所示。定子的结构与鼠笼型异步电动机相似,是一个鼠笼形空心圆环,由硅钢片冲压而成,并装有笼型绕组;转子是一个圆柱形永久磁铁。

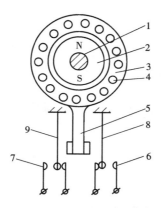

图 2-59　速度继电器结构原理图
1—转轴;2—转子;3—定子;4—绕组;5—定子柄;
6—静触头;7—动触头;8,9—簧片

速度继电器的轴与电动机的轴相连接。转子固定在轴上,定子与轴同心。当电动机转动时,速度继电器的转子随之转动,绕组切割磁场产生感应电动势和电流,此电流和永久磁铁的磁场作用产生转矩,使定子向轴的转动方向偏摆,通过定子柄拨动触头,使常闭触头断开、常开触头闭合。当电动机转速下降到接近零时,转矩减小,定子柄在弹簧力的作用下恢复原位,触头也复原。

常用的感应式速度继电器有 JY1 和 JFZ0 系列,其技术数据见表 2-14。JY1 系列能在 3 000 r/min 的转速下可靠工作。JFZ0 型触头动作速度不受定子柄偏转快慢的影响,触头改用微动开关。一般情况下,速度继电器的触头在转速达到 120 r/min 以上时能动作,当转速低于 100 r/min 左右时触头复位。

表2-14　JY1、JFZ0系列速度继电器的技术数据

型号	触头额定电压/V	触头额定电流/A	触头数量		额定工作转速 /(r/min)	允许操作频率 /(次/h)
			正转时动作	反转时动作		
JY1	380	2	1组转换触头	1组转换触头	100～3 600	<30
JFZ0					300～3 600	

速度继电器主要根据电动机的额定转速和控制要求来选择。

常见速度继电器的故障是电动机停车时不能制动停转,其原因可能是触头接触不良或杠杆断裂,导致无论转子怎样转动触头都不动作,此时更换杠杆即可。

任务解决

1. 反接制动

反接制动是利用改变电动机电源的相序使定子绕组产生相反方向的旋转磁场,因而产生制动转矩的制动方法,其电路如图2-60所示。当电动机正常运转需制动时,将三相电源相序切换,当电动机转速接近零时,为了防止电动机反向启动,控制电路是采用速度继电器来判断电动机的零速点并及时切断三相电源的。速度继电器KS的转子与电动机的轴相连,当电动机正常运转时,速度继电器的常开触头闭合,当电动机停车转速接近零时,KS的常开触头断开,切断接触器的线圈电路。电路工作原理如下。

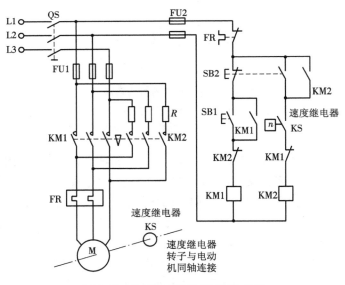

图2-60　电动机反接制动控制电路

(1)启动控制

闭合电源开关QS,按下启动按钮SB1→KM1线圈得电→KM1主触头及辅助触头闭合→电动机启动;当电动机转速达140 r/min时→速度继电器KS动作→常开触点闭合,为反接制动做准备。

(2)制动控制

按下停止按钮SB2→SB2常闭触点断开KM1线圈→KM1主触头断开→切断电动机原

三相交流电,但是电动机仍因惯性继续运行,KS 常开触点处于闭合状态。将 SB2 按到底时
→KM2 线圈得电并自锁→KM2 主触头闭合→电动机进行反接制动,当电动机转速降至 100
r/min,速度继电器复位→KS 常开点断开→电动机结束反接制动。

在进行反接制动时,转子与旋转磁场的相对速度接近于两倍的同步转速,所以定子绕组
中流过的反接制动电流相当于全压直接启动的两倍,因此反接制动的特点就是制动迅速、效
果好,但是冲击大、反接制动电流大。因此反接制动通常仅适合于 10 kW 以下的电动机,并
且为了减小冲击电流,通常在制动电路中串入限流电阻。

2. 能耗制动

当电动机切断交流电源后,立即在定子绕组的任意两相中通入直流电,这样作惯性运转
的转子因切割磁场线而在转子绕组中产生感应电流,又因受到静止磁场的作用,产生电磁转
矩,其方向正好与电动机的转向相反,使电动机受制动迅速停转。由于这种制动方法是在定
子绕组中通入直流电以消耗转子惯性运转的动能来进行制动的,所以称为能耗制动。

电动机进行能耗制动后,转速迅速降低至零时,就需要将直流电源切断,可以使用时间
继电器或速度继电器结束能耗制动,用时间继电器结束能耗制动的电路称为时间原则控制
的能耗制动,用速度继电器结束能耗制动的控制电路称为速度原则控制的能耗制动。

（1）时间原则控制的能耗制动

对于 10 kW 以上容量较大的电动机,多采用有变压器全波整流能耗制动控制线路。图
2-61 所示为有变压器全波整流单向启动能耗制动控制线路,该线路利用时间继电器来进行
自动控制。其中直流电源由单相桥式整流器 VC 供给,TC 是整流变压器,电阻 R 是用来调
节直流电流的,从而调节制动强度。

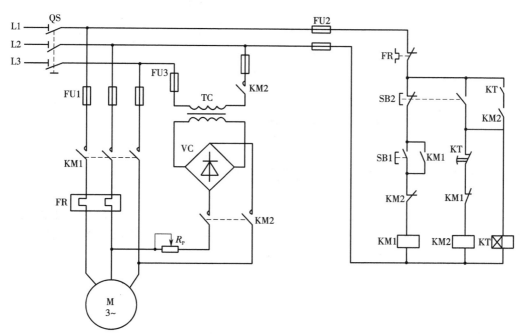

图 2-61　时间原则控制的能耗制动控制电路

电路的工作原理如下。

1)启动控制:闭合电源开关 QS,按下启动按钮 SB1→KM1 线圈得电→KM1 主触头及辅助触头闭合→电动机启动,同时 KM1 常闭触点断开,对反接制动控制 KM2 实现互锁。

2)制动控制:按下停止按钮 SB2→SB2 常闭触点断开 KM1 线圈→KM1 主触头断开→切断电动机原三相交流电,将 SB2 按到底时→KM2 线圈得电并自锁,同时 KT 线圈得电→KM2 主触头闭合→电动机进行能耗制动,当转速接近零时,KT 延时时间到→KT 延时断开的触点断开→KM2、KT 线圈相继断电→电动机结束能耗制动。

(2)速度原则控制的能耗制动

速度原则控制的能耗制动控制电路如图 2-62 所示。

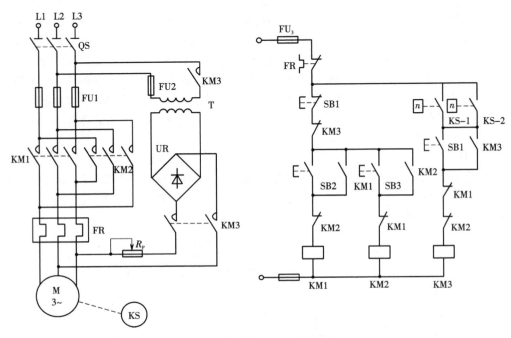

图 2-62　速度原则控制的能耗制动控制电路

任务 5　C650 卧式车床控制系统设计

C650 卧式车床属中型车床(图 2-63),是机械加工中常用的加工设备,加工工件回转半径最大可达 1 020 mm,长度可达 3 000 mm。其结构主要由床身、主轴变速箱、进给箱、溜板箱、刀架、尾架、丝杠和光杠等部分组成 。

运动形式分析

1)主运动:卡盘或顶尖带动工件的旋转运动。

2)进给运动:溜板带动刀架的纵向或横向直线运动。

3)辅助运动:刀架的快速进给与快速退回。(C650 车床的床身较长,为减少辅助工作时间、提高效率、降低劳动轻度、便于对刀和减少辅助工时)

4)车床的调速采用变速箱(车床溜板箱和主轴变速箱之间通过齿轮传动来连接,两种

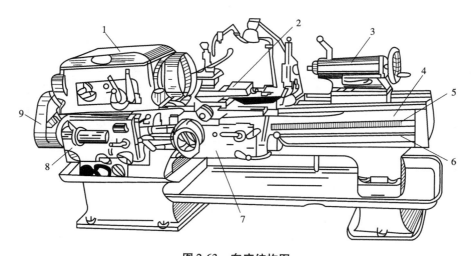

图 2-63 车床结构图

1—主轴箱；2—溜板；3—尾架；4—床身；5—丝杠；

6—光杠；7—溜板箱；8—进给箱；9—挂轮箱

运动通过同一台电动机带动并通过各自的变速箱调节主轴转速或进给速度）。

任务描述

C650 卧式车床控制要求如下。

1）主轴的主运动驱动电动机：电机采用直接启动连续运行方式，并有点动功能以便调整；能够实现正反转，停车时可利用电气反接制动。

2）冷却泵电动机：单方向旋转，与主轴电动机实现顺序启停，可单独操作。

3）快速移动电动机 M3：单向点动、短时工作方式。

4）电路应有必要的保护和联锁，有安全可靠的照明电路。

任务解决

根据控制要求，设备控制原理图如图 2-64 所示。

1. 主电路分析

（1）主电动机电路

Ⅰ. 电源引入与故障保护

三相交流电源 L1、L2、L3 经熔断器 FU 后，由 QS 隔离开关引入 C650 车床主电路，主电动机电路中，FU1 熔断器为短路保护环节，FR1 是热继电器加热元件，对电动机 M1 起过载保护作用。

Ⅱ. 主电动机正反转

KM1 与 KM2 分别为交流接触器 KM1 与 KM2 的主触头。根据电气控制基本知识分析可知，KM1 主触头闭合、KM2 主触头断开时，三相交流电源将分别接入电动机的 U1、V1、W1 三相绕组中，M1 主电动机将正转。反之，当 KM1 主触头断开、KM2 主触头闭合时，三相交流电源将分别接入 M1 主电动机的 W1、V1、U1 三相绕组中，与正转时相比，U1 与 W1 进行了换接，导致主电动机反转。

84

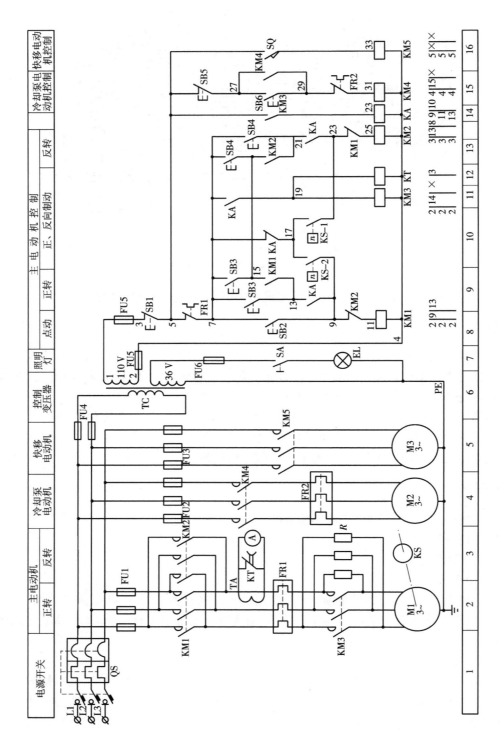

图 2-64 C650 车床电气控制原理图

Ⅲ. 主电动机全压与减压状态

当 KM3 主触头断开时,三相交流电源电流将流经限流电阻 R 进入电动机绕组,电动机绕组电压将减小。如果 KM3 主触头闭合,则电源电流不经限流电阻而直接接入电动机绕组中,主电动机处于全压运转状态。

Ⅳ. 绕组电流监控

电流表 A 在电动机 M1 主电路中起绕组电流监视作用,通过 TA 线圈空套在绕组一相的接线上,当该接线有电流流过时,将产生感应电流,通过这一感应电流显示电动机绕组中当前电流值。其控制原理是当 KT 常闭延时断开触头闭合时,TA 产生的感应电流不经过电流表 A,而一旦 KT 触头断开,电流表 A 就可检测到电动机绕组中的电流。

Ⅴ. 电动机转速监控

KS 是和 M1 主电动机主轴同轴安装的速度继电器检测元件,根据主电动机主轴转速对速度继电器触头的闭合与断开进行控制。

(2)冷却泵电动机电路

冷却泵电动机电路中 FU4 熔断器起短路保护作用,FR2 热继电器则起过载保护作用。当 KM4 主触头断开时,冷却泵电动机 M2 停转不供液;而 KM4 主触头一旦闭合,M2 将启动供液。

(3)快移电动机电路

快移电动机电路中 FU5 熔断器起短路保护作用。KM5 主触头闭合时,快移电动机 M3 启动;而 KM5 主触头断开时,快移电动机 M3 停止。

主电路通过 TC 变压器与控制线路和照明灯线路建立电联系。TC 变压器一次侧接入电压为 380 V,二次侧有 36 V、110 V 两种供电电源,其中 36 V 给照明灯线路供电,而 110 V 给车床控制线路供电。

2. 控制线路

控制线路读图分析的一般方法是从各类触头的断和合与相应电磁线圈得断电之间的关系入手,并通过线圈得断电状态,分析主电路中受该线圈控制的主触头的断合状态,得出电动机受控运行状态的结论。

控制线路从 6 区至 17 区,各支路垂直布置,相互之间为并联关系。各线圈、触头均为原态(即不受力态或不通电态),而原态中各支路均为断路状态,所以 KM1、KM3、KT、KM2、KA、KM4、KM5 等各线圈均处于断电状态,这一现象可称为"原态支路常断",这是机床控制线路读图分析的重要技巧。

(1)主电动机点动控制

按下 SB2,KM1 线圈通电,根据原态支路常断现象,其余所有线圈均处于断电状态。因此主电路中为 KM1 主触头闭合,由 QS 隔离开关引入的三相交流电源将经 KM1 主触头、限流电阻 R 接入主电动机 M1 的三相绕组中,主电动机 M1 串电阻减压启动。一旦松开 SB2,KM1 线圈断电,电动机 M1 断电停转。SB2 是主电动机 M1 的点动控制按钮。

(2)主电动机正转控制

按下 SB3,KM3 线圈与 KT 线圈同时通电,并通过 20 区的常开辅助触头 KM3 闭合而使 KA 线圈通电,KA 线圈通电又导致 11 区中的 KA 常开辅助触头闭合,使 KM1 线圈通电。而 11 ~ 12 区的 KM1 常开辅助触头与 14 区的 KA 常开辅助触头对 SB3 形成自锁。主电路中

KM3 主触头与 KM1 主触头闭合,电动机不经限流电阻 R,则主电动机 M1 全压正转启动。

绕组电流监视电路中,因 KT 线圈通电后延时开始,但由于延时时间还未到达,所以 KT 常闭延时断开触头保持闭合,感应电流经 KT 触头短路,造成电流表 A 中没有电流通过,避免了全压启动初期绕组电流过大而损坏电流表 A。KT 线圈延时时间到达时,电动机已接近额定转速,绕组电流监视电路中的 KT 将断开,感应电流流入电流表 A,从而将绕组中电流值显示在电流表 A 上。

(3)主电动机反转控制

按下 SB4,通过 9、10、5、6 线路导致 KM3 线圈与 KT 线圈通电,与正转控制相类似,20 区的 KA 线圈通电,再通过 11、12、13、14 使 KM2 线圈通电。主电路中 KM2、KM3 主触头闭合,电动机全压反转启动。KM1 线圈所在支路与 KM2 线圈所在支路通过 KM2 与 KM1 常闭触头实现电气控制互锁。

(4)主电动机反接制动控制

Ⅰ.正转制动控制

KS2 是速度继电器的正转控制触头,当电动机正转启动至接近额定转速时,KS2 闭合并保持。制动时按下 SB1,控制线路中所有电磁线圈都将断电,主电路中 KM1、KM2、KM3 主触头全部断开,电动机断电降速,但由于正转转动惯性,需较长时间才能降为零速。

一旦松开 SB1,则经 1、7、8、KS2、13、14,使 KM2 线圈通电。主电路中 KM2 主触头闭合,三相电源电流经 KM2 使 U1、W1 两相换接,再经限流电阻 R 接入三相绕组中,在电动机转子上形成反转转矩,并与正转的惯性转矩相抵消,电动机迅速停车。

在电动机正转启动至额定转速,再从额定转速制动至停车的过程中,KS1 反转控制触头始终不产生闭合动作,保持常开状态。

Ⅱ.反转制动控制

KS1 在电动机反转启动至接近额定转速时闭合并保持。与正转制动相类似,按下 SB1,电动机断电降速。一旦松开 SB1,则经 1、7、8、KS1、2、3,使线圈 KM1 通电,电动机转子上形成正转转矩,并与反转的惯性转矩相抵消使电动机迅速停车。

(5)冷却泵电动机启停控制

按下 SB6,KM4 线圈通电,并通过 KM4 常开辅助触头对 SB6 自锁,主电路中 KM4 主触头闭合,冷却泵电动机 M2 转动并保持。按下 SB5,KM4 线圈断电,冷却泵电动机 M2 停转。

(6)快移电动机点动控制

行程开关由车床上的刀架手柄控制。转动刀架手柄,行程开关 SQ 将被压下而闭合,KM5 线圈通电。主电路中 KM5 主触头闭合,驱动刀架快移电动机 M3 启动。反向转动刀架手柄复位,SQ 行程开关断开,则电动机 M3 断电停转。

(7)照明电路

灯开关 SA 置于闭合位置时,EL 灯亮;SA 置于断开位置时,EL 灯灭。

C650 卧式车床电气原理图中电气元件符号及名称见表 2-15。

表 2-15　C650 卧式车床电气原理图中电气元件符号及名称

符号	名　称	符号	名　称
M1	主电动机	SB1	总停按钮
M2	冷却泵电动机	SB2	主电动机正向点动按钮
M3	快速移动电动机	SB3	主电动机正转按钮
KM1	主电动机正转接触器	SB4	主电动机反转按钮
KM2	主电动机反转接触器	SB5	冷却泵电动机停转按钮
KM3	短接限流电阻接触器	SB6	冷却泵电动机启动按钮
KM4	冷却泵电动机启动接触器	TC	控制变压器
KM5	快移电动机启动接触器	FU(1~6)	熔断器
KA	中间继电器	FR1	主电动机过载保护热继电器
KT	通电延时时间继电器	FR2	冷却泵电动机保护热继电器
SQ	快移电动机点动行程开关	R	限流电阻
SA	开关	EL	照明灯
KS	速度继电器	TA	电流互感器
A	电流表	QS	隔离开关

3. C650 卧式车床电气控制线路的特点

从上述分析中可知,这种车床的电气线路有以下几个特点。

1)主轴的正反转不是通过机械方式来实现,而是通过电气方式,即主电动机的正反转来实现的,从而简化了机械结构。

2)主电动机的制动采用了电气反接制动形式,并用速度继电器进行控制。

3)控制回路由于电器元件很多,故通过控制变压器 TC 同三相电网进行电隔离,提高了操作和维修时的安全性。

4)中间继电器 KA 起着扩展接触器 KM3 触点的作用。从电路中可见到 KM3 的常开触点(3 - 13)直接控制 KA,故 KM3 和 KA 的触点闭合和断开情况相同。从图 2-63 中可见 KA 的常开触点用了三个(7 - 4、7 - 8、3 - 8),常闭触点用了一个(3 - 9),而 KM3 的辅助常开触点只有两个,故不得不增设中间继电器 KA 进行扩展。可见,电气线路要考虑电器元件触点的实际情况,在线路设计时更应引起重视。

4. C650 卧式车床常见故障及检修

(1)故障 1

现象:主轴电机能够点动,但不能正反转。

分析:主轴电机的正反转是由 KM1、KM2 和 KM3 进行控制的,由于点动是好的,所以 SB2 点动回路是正常的,故障就出在 KM1、KM2 和 KM3 的公共回路中,如 3 线、6 线及 KA。

(2)故障 2

现象:主轴电机能够正转和反接制动,但不能反转。

分析:能够正转和反接制动,说明 KM1、KM3 和 KM2 制动回路是正常的,故障出在 KM2 制动之前的回路中,如 KA、SB4。

（3）故障 3

现象：主轴电机正反转正常，但均不能反接制动。

分析：正反转均不能反接制动，故障出在反接制动的公共回路中，如 KA。

（4）故障 4

现象：主轴电机正反转正常，但始终转速很低，电阻 R 发热。

分析：说明电机始终处于制动状态，即限流电阻 R 始终串联在主轴电机回路中，KM3 主触头未闭合或只闭合其中一或两个，故障出现在接触器 KM3，如 KM3 主触头烧灼。

（5）故障 5

现象：主轴电机工作正常，冷却泵电机和进给电机不能工作。

分析：说明故障出在 KM4 和 KM5 的公共回路中，如 3 线、0 线。

项目 3　交流变频系统

项目导读

主轴是机床构成中一个重要的部分,对于提高加工效率、扩大加工材料范围、提升加工质量都有着很重要的作用。传统的机床主轴的调速是应用齿轮减速箱实现多级调速的,结构复杂,成本高,调速时操作也不方便。

变频器是利用电力半导体器件的通断作用,将电压频率不变的交流电变换为可调压调频的交流电的电能控制装置,有节能、调速及保护等功能。

利用变频器对主轴进行变速,可以简化机械结构、增大调速范围,并且能够实现无级调速。本项目主要学习变频器的基本工作原理、交流变频系统组成及变频器在机电设备上的应用。

项目知识目标

掌握变频器结构及使用方法;

掌握交流变频系统的组成;

掌握交流变频系统基本控制环节;

掌握数控车床变频调速主轴系统原理。

项目能力目标

根据机床性能选择合理的变频器;

根据控制要求设计合理的交流变频系统;

根据控制要求对交流变频系统进行安装与调试。

任务 1　认识变频器

任务目标

掌握变频器概念;

了解变频器基本分类及作用。

知识储备

1. 变频器的概念

变频器是利用电力半导体器件的通断作用,把电压、频率固定不变的交流电变成电压、频率都可调的交流电源,简称为 VVVF。

2. 变频器技术的发展

变频器是随着微电子学、电力电子技术、计算机技术和自动控制理论等的不断发展而发展起来的。

（1）电力电子器件是变频器发展的基础

变频器的主电路不论是交－直－交变频或是交－交变频形式，都是采用电力电子器件作为开关器件。因此，电力电子器件是变频器发展的基础。

早期的变频器由晶闸管等分立电子元器件组成，还未采用计算机控制技术，不仅可靠性差、频率低，而且输出的电压和电流的波形是方波。

当电力晶体管（GTR）和门极可关断晶闸管（GTO）问世并成为逆变器的功率器件时，脉宽调制（PWM）技术也进入到应用阶段，这时的逆变电路能够得到波形相当接近正弦波的输出电压和电流，同时 8 位微处理器成为变频器的控制核心，按压频比（U/f）控制原理实现异步电动机的变频调速，使其在工作性能上有了很大提高。

后来人们研制出绝缘栅双极晶体管（IGBT）和集成门极换流晶闸管（IGCT），其优良的性能很快取代了 GTR，进而广泛采用的是性能更为完善的智能功率模式，使得变频器的容量和电压等级不断扩大和提高。

（2）计算机技术和自动控制理论是变频器发展的支柱

现在，16 位乃至 32 位微处理器取代了 8 位微处理器，使变频器的功能也从单一的变频调速功能发展为含算术、逻辑运算及智能控制的综合功能；自动控制理论的发展使变频器在改善压频比控制性能的同时，推出了能实现矢量控制、直接转矩控制、模糊控制和自适应控制等多种模式。现代的变频器已经内置有参数辨识系统、PID 调节器、PLC 控制器和通信单元等，根据需要可实现拖动不同负载、宽调速和伺服控制等多种应用。

（3）市场需求是变频器发展的动力

直流调速系统具有良好的调速性能，因此在过去很长一段时间内被广泛使用。直流调速系统的优点主要表现在调速范围广、性能稳定和过载能力强等技术指标上，特别是在低速时仍能得到较大的过载能力，这是其他调速方法无法比拟的。但直流调速系统也有着不可回避的弱点，主要表现在直流电动机结构复杂，要消耗大量有色金属，且换向器及电刷维护保养困难、寿命短、效率低等方面。

交流电动机结构简单、造价低廉、运行控制比较方便，在工农业生产中得到广泛应用。但在过去很长一段时间内，由于没有变频电源，异步电动机只能工作在不要求变速或对调速性能要求不高的场合。

变频器的问世为交流电动机的调速提供了契机，不仅要取代结构复杂、价格昂贵的直流电动机调速，而且原来由交流电机拖动的负载实现变频调速后能节省大量的能源。

据调查统计，全国各类电动机耗电量约占全国发电量的 70%，其中 80% 为异步电动机，大多数电动机长时间处于轻载运行状态，特别是风机、泵类负载的电动机。若在此类负载上使用变频调速装置，将可节电 30% 左右。

目前，变频器作为商品在国内的销售额呈逐年增加趋势，销售前景十分看好，据有关资料报道，在过去几年内中国变频器市场保持着 12% ~ 15% 的增长率，这一速度远远超过了相应 GDP 的增长速度，变频器已逐步进入全面推广应用的时代。

（4）变频器的发展趋势

在进入 21 世纪的今天，电力电子的基片已从 Si（硅）变换为 SiC（碳化硅），使电力电子新器件进入到高电压大容量化、高频化、组件模块化、微型化、智能化和低成本化，多种适宜变频调速的新型电气设备正在开发研制之中。IT技术的迅猛发展以及控制理论的不断创新,这些与变频器相关的技术的发展将影响其发展的趋势。

Ⅰ.智能化

智能化的变频器安装到系统后,不必进行那么多的功能设定,就可以方便地操作使用。有明显的工作状态显示,而且能够实现故障诊断与故障排除,甚至可以进行部件自动转换。利用互联网可以遥控监视,实现多台变频器按工艺程序联动,形成最优化的变频器综合管理控制系统。

Ⅱ.专门化

根据某一类负载的特性,有针对性地制造专门化的变频器,这不但利于对负载的电动机进行经济有效的控制,而且可以降低制造成本。例如风机和水泵用变频器、起重机械专用变频器、电梯控制专用变频器、张力控制专用变频器和空调专用变频器等。

Ⅲ.一体化

变频器将相关的功能部件,如参数辨识系统、PID调节器、PLC控制器和通信单元等有选择地集成到内部组成一体化机,不仅使功能增强,系统可靠性增加,而且可有效缩小系统体积,减少外部电路的连接。据报道,现在已经研制出变频器和电动机的一体化组合机,使整个系统体积更小、控制更方便。

Ⅳ.环保化

保护环境,制造"绿色"产品是人类的新理念。今后的变频器将更注重于节能和低公害,即尽量减少使用过程中的噪声和谐波对电网及其他电气设备的污染干扰。

总之,变频器技术正朝着智能、操作简便、功能健全、安全可靠、环保低噪、低成本和小型化的方向发展。

3. 变频器的分类

变频器的种类很多,可根据不同的分类方法进行分类。

(1)按原理分类

变频器按原理分类如图3-1所示。

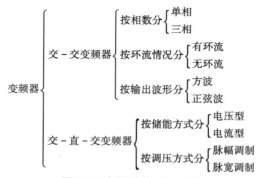

图3-1　变频器按原理分类

Ⅰ.交-交变频器

交-交变频器只有一个变换环节,即把恒压恒频(CVCF)的交流电源转换为变压变频(VVVF)的电源,称为直接变频器,或称为交-交变频器。

Ⅱ. 交 – 直 – 交变频器

交 – 直 – 交变频器又称为间接变频器,它是先将工频交流电通过整流器变成直流电,再经逆变器将直流电变成频率和电压可调的交流电。图 3-2 所示为交 – 直 – 交变频器的原理框图。

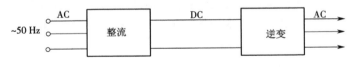

图 3-2 交 – 直 – 交变频器的原理框图

1) 交 – 直 – 交变频器根据直流环节的储能方式,又分为电压型和电流型两种,其主电路结构如图 3-3 所示。

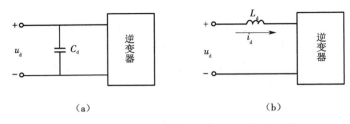

（a） （b）

图 3-3 电压型和电流型变频器的主电路结构
(a) 电压型变频器;(b) 电流型变频器

①电压型变频器。在电压型变频器中,整流电路产生的直流电压,通过电容进行滤波后供给逆变电路。由于采用大电容滤波,故输出电压波形比较平直,在理想情况下可以看成一个内阻为零的电压源,逆变电路输出的电压的波形为矩形波或阶梯波。电压型变频器多用于不要求正反转或快速加减速的通用变频器中。电压型变频器的主电路结构如图 3-3(a) 所示。

②电流型变频器。当交 – 直 – 交变频器的中间直流环节采用大电流波时,直流电流波形比较平直,因而电源内阻很大,对负载来说基本上是一个电流源,逆变电路输出的交流电流是矩形波。电流型变频器适用于频繁可逆运转的变频器和大容量的变频器。电流型变频器的主电路结构如图 3-3(b) 所示。

2) 根据调压方式的不同,交 – 直 – 交变频器又分为脉幅调制和脉宽调制两种。

①脉幅调制(PAM):是一种改变电压源的电压 E_d 或电流源的电流 I_d 的幅值进行输出控制的方式。因此,在逆变器部分只控制频率,整流器部分只控制输出电压或电流。采用 PAM 调节电压时,变频器的输出电压波形如图 3-4 所示。

②脉宽调制(PWM):指变频器输出电压的大小是通过改变输出脉冲的占空比来实现的。目前使用最多的是占空比按正弦规律变化的正弦波脉宽调制,即 SPWM 方式。用 SPWM 方式调压输出电压的波形如图 3-5 所示。

(2) 按控制方式分类

Ⅰ. U/f 控制变频器

U/f 控制又称为压频比控制,它的基本特点是对变频器输出的电压和频率同时进行控

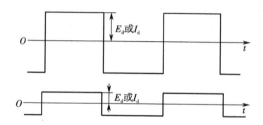

图 3-4 用 PAM 方式调压输出电压的波形

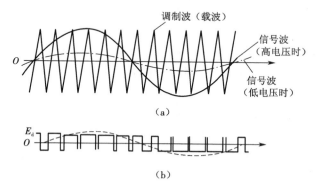

(a)

(b)

图 3-5 用 PWM 方式调压输出电压的波形

(a)调制原理；(b)输出电压波形

制。在额定频率以下,通过保持 U/f 恒定使电动机获得所需的转矩特性。这种方式的控制电路成本低,多用于精度要求不高的通用变频器。

Ⅱ.转差频率控制变频器

转差频率控制也称为 SF 控制,是在 U/f 控制基础上的一种改进方式。采用这种控制方式,变频器通过电动机、速度传感器构成速度反馈闭环系统。变频器的输出频率由电动机的实际转速与转差频率之和自动设定,从而达到在调速控制的同时也使输出转矩得到控制。该方式是闭环控制,故与 U/f 控制相比,调速精度与转矩动特性较优。但是由于这种控制方式需要在电动机轴上安装速度传感器,由于用电动机特性调节转差,故通用性较差。

Ⅲ.矢量控制变频器

矢量控制简称 VC,是 20 世纪 70 年代由德国人 F. Biaschke 首先提出来的对交流电动机的一种新的控制思想和控制技术,也是异步电动机的一种理想调速方法。矢量控制的基本思想是将异步电动机的定子电流分解为产生磁场的电流分量(励磁电流)和与其相垂直的产生转矩的电流分量(转矩电流),并分别加以控制。由于在这种控制方式中必须同时控制异步电动机定子电流的幅值和相位,即控制定子电流矢量,所以这种控制方式被称为矢量控制。

矢量控制方式使异步电动机的高性能成为可能。矢量控制变频器不仅在调速范围上可以与直流电动机相匹敌,而且可以直接控制异步电动机转矩的变化,所以已经在许多需精密或快速控制的领域得到应用。

Ⅳ.直接转矩控制

直接转矩控制简称 DTC,它是把转矩直接作为控制量来控制。直接转矩控制的优越性在于:转矩控制是控制定子磁链,在本质上并不需要转速信息;控制上对除定子以外的所有电动机参数变化,有良好的鲁棒性;所引入的定子磁链观测器能很容易估算出同步速度信息,因而能方便地实现无速度传感器化。

（3）按用途分类

对一般用户来说,更为关心的是变频器的用途,根据用途的不同,对变频器进行如下分类。

Ⅰ.通用变频器

顾名思义,通用变频器的特点是其通用性。随着变频技术的发展和市场需要的不断扩大,通用变频器也在朝着两个方向发展:一是低成本的简易型通用变频器,二是高性能多功能的通用变频器。

简易型通用变频器是一种以节能为主要目的而简化了一些系统功能的通用变频器。它主要用于水泵、风扇、鼓风机等对于系统调速性能要求不高的场合,并具有体积小、价格低等方面的优势。

高性能通用变频器在设计过程中充分考虑了在变频器应用中可能出现的各种需要,并为满足这些需要在系统软件和硬件方面都做了相应的准备。在使用时,用户可以根据负载特性选择算法并对变频器的各种参数进行设定,也可以根据系统的需要选择厂家所提供的各种备用选件来满足系统的特殊需要。

Ⅱ.专用变频器

1）高性能专用变频器。随着控制理论、交流调速理论和电力电子技术的发展,异步电动机的矢量控制得到发展,矢量控制变频器及其专用电动机构成的交流伺服系统的性能已经达到和超过了直流伺服系统。此外,由于异步电动机还具有环境适应性强、维护简单等许多直流伺服电动机所不具备的优点,因此在要求高速、高精度的控制中,这种高性能交流伺服变频器正在逐步代替直流伺服系统。

2）高频变频器。在超精密机械加工中常要用到高速电动机。为了满足其驱动的需要,出现了采用 PAM 控制的高频变频器,其输出主频可达3 kHz,驱动两极异步电动机时的最高转速为 180 000 r/min。

3）高压变频器:一般是大容量的变频器,最高功率可做到 5 000 kW,电压等级为 3 kV、6 kV 和 10 kV。高压大容量变频器主要有两种结构形式:一种是用低压变频器通过升降压变压器构成,称为"高－低－高"式变压变频器,亦称为间接式高压变频器;另一种采用大容量绝缘栅双极晶闸管或集成门极换流晶闸管串联方式,不经变压器直接将高压电源整流为直流,再逆变输出高压,称为"高－高"式高压变频器,亦称为直接式高压变频器。

4.变频器的应用

变频调速已被公认为是最理想、最有发展前途的调速方式之一,它主要应用在以下几个方面。

（1）在节能方面的应用

风机、泵类负载采用变频调速后,节电率可以达到20% ~ 60%。这是因为风机、泵类负载的耗电功率基本与转速的三次方成正比例。当用户需要的平均流量较小时,风机、泵类采用变频调速使其转速降低,节能效果非常可观。而传统的风机、泵类采用挡板和阀门进行流量调节,电动机转速基本不变,耗电功率变化不大。在此类负载上使用变频调速装置具有非常重要的意义。以节能为目的的变频器的应用,在最近十几年来发展非常迅速。由于风机、水泵、压缩机在采用变频调速后,可以节省大量电能,所花费的投资在较短的时间内就可以收回。因此,在这一领域中变频调速应用得最多。目前应用较成功的有恒压供水、各类风机、中央空调和液压泵的变频调速。特别值得指出的是,恒压供水由于使用效果很好,现在已形成典型的变频控制模式,广泛应用于城乡生活用水、消防、喷灌等。恒压供水不仅可节省大量电能,而且延长了设备的使用寿命,使用操作也更加方便。一些家用电器,如冰箱、空调采用变频调速后,节能也取得了很好的效果。

（2）在自动化系统中的应用

由于变频器内置有 32 位或 16 位的微处理器,具有多种算术、逻辑运算和智能控制功能,输出频率精度高达 0.01% ~ 0.1%,还设置有完善的检测、保护环节,因此在自动化系统中获得广泛的应用。例如,化纤工业中的卷绕、拉伸、计量、导丝,玻璃工业中的平板玻璃退火炉、玻璃窑搅拌、拉边机、制瓶机,电弧炉自动加料、配料系统以及电梯的智能控制等。

（3）在提高工艺水平和产品质量方面的应用

变频器还可以广泛应用于传送、起重、挤压和机床等各种机械设备控制领域,它可以提高工艺水平和产品质量,减少设备的冲击和噪声,延长设备的使用寿命。采用变频调速控制后,使机械系统简化,操作和控制更加方便,有的甚至可以改变原有的工艺规范,从而提高了整个设备的功能。例如纺织和许多行业用的定型机,机内温度是靠改变送入热风的多少来调节的。输送热风通常用的是循环风机,由于风机速度不变,送入热风的多少只有用风门调节。如果风门调节失灵或调节不当就会造成定型机失控,从而影响成品质量。循环风机高速启动,传送带与轴承之间磨损非常厉害,使传送带变成了一种易耗品。在采用变频调速后,温度调节可以通过变频器自动调节风机的速度来实现,解决了产品质量易受影响的问题。此外,变频器可以很方便地实现风机在低频低速下启动,减少了传送带与轴承的磨损,延长了设备的寿命,同时可以节能40%。

任务 2　交 – 直 – 交变频技术

任务目标

了解交 – 直 – 交变频技术基本原理。

了解制动电路部分的作用。

了解逆变电路工作原理。

了解 SPWM 概念及作用。

知识储备

常用的变频器绝大多数为交 – 直 – 交变频器。交 – 直 – 交变频器的主电路框图如图 3-6 所示。由图可见,主电路由整流电路、中间电路和逆变电路三个部分组成。

1. 整流电路

整流电路的功能是将交流电转换为直流电。整流电路按使用的器件不同分为两种类型,即不可控整流电路和可控整流电路。

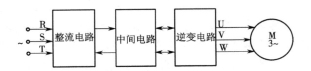

图 3-6 交－直－交变频器主电路框图

（1）不可控整流电路

不可控整流电路使用的器件为功率二极管,不可控整流电路按输入交流电源的相数不同分为单相整流电路、三相整流电路和多相整流电路。下面对变频器中应用最多的三相整流电路的工作原理加以说明。图 3-7 所示为三相桥式整流电路,为分析电路工作原理方便,我们以电阻负载为例。

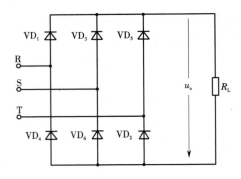

图 3-7 三相桥式整流电路

三相桥式整流电路共有 6 个整流二极管,其中 VD_1、VD_3、VD_5 3 个管子的阴极连接在一起,称为共阴极组;VD_2、VD_4、VD_6 3 个管子的阳极连接在一起,称为共阳极组。

三相对称交流电源 R、S、T 的波形如图 3-8 所示,R、S、T 接入电路后,共阴极组的哪个二极管阳极电位最高,哪个二极管就优先导通;共阳极组的哪个二极管阴极电位最低,哪个二极管就优先导通。同一个时间内只有 2 个二极管导通,即共阴极组的阳极电位最高的二极管和共阳极组的阴极电位最低的二极管构成导通回路,其余 4 个二极管承受反向电压而截止。在三相交流电压自然换相点换相导通。

把三相交流电压波形在一个周期内 6 等分,如图 3-8（a）中 t_1、t_2、$\cdots$、t_6 所示。在 $0 \sim t_1$ 期间电压 $u_T > u_R > u_S$,因此电路中 T 点电位最高,S 点电位最低,于是二极管 VD_5、VD_6 先导通,电流的通路是 T→VD_5→R_L→VD_6→S,忽略二极管正向压降,负载电阻 R_L 上得到电压 $u_o = u_{TS}$。二极管 VD_5 导通后,使 VD_1、VD_3 阴极电位为 u_T,而承受反向电压截止。同理,VD_6 导通,二极管 VD_2、VD_4 也截止。

在自然换相点 t_1 稍后,电压 $u_R > u_T > u_S$,于是二极管 VD_5 与 VD_1 换相,VD_5 截止,VD_1 导通,VD_6 仍旧导通,即在 $t_1 \sim t_2$ 期间,二极管 VD_6、VD_1 导通,其余截止,电流通路是 R→VD_1→R_L→VD_6→S,负载电阻 R_L 上的电压 $u_o = u_{RS}$。

在自然换相点 t_2 稍后,电压 $u_R > u_S > u_T$,即在 $t_2 \sim t_3$ 期间,二极管 VD_1、VD_2 导通,其余截止,电流通路是 R→VD_1→R_L→VD_2→T,负载电阻 R_L 上的电压 $u_o = u_{RT}$。

依次类推,得到电压波形如图 3-8（b）所示。二极管导通顺序为（VD_5、VD_6）→（VD_1、

$VD_6) \rightarrow (VD_1 、 VD_2) \rightarrow (VD_2 、 VD_3) \rightarrow (VD_3 、 VD_4) \rightarrow (VD_4 、 VD_5) \rightarrow (VD_5 、 VD_6)$，共阴极组 3 个二极管 VD_1、VD_3、VD_5 在 t_1、t_3、t_5 换相导通，共阳极组 3 个二极管 VD_2、VD_4、VD_6 在 t_2、t_4、t_6 换相导通。一个周期内，每个二极管导通 1/3 周期，即导通角为 120°，负载电阻 R_L 两端电压 u_o 等于变压器二次绕组线电压的包络值，极性始终是上正下负。

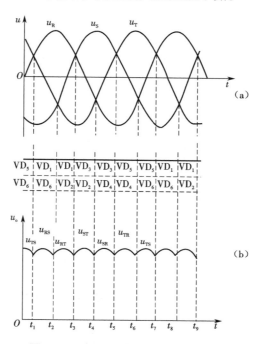

图 3-8 三相桥式整流电路的电压波形

（a）三相交流电压波形；（b）负载电阻 R_L 两端电压变形

通过计算可得到负载电阻 R_L 上的平均电压为

$$U_o = 2.34 U_e \tag{3-1}$$

式中，U_e 为相电压的有效值。

（2）可控整流电路

将图 3-7 所示三相桥式整流电路中的二极管换为晶闸管，就成为三相桥式全控整流电路，如图 3-9 所示。

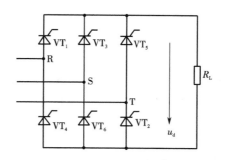

图 3-9 三相桥式全控整流电路

Ⅰ.电路工作原理

图 3-10 所示为三相桥式全控整流电路当 $\alpha = 0°$ 时的电压波形。由图 3-10 可见,三相交流电源电压 u_R、u_S、u_T 正半波的自然换相点为 1、3、5,负半波的自然换相点为 2、4、6。

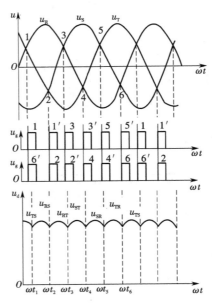

图 3-10　三相桥式全控整流电路电压波形($\alpha = 0°$)

根据晶闸管的导通条件,当晶闸管阳极承受正向电压时,在它的门极和阴极两端也加正的触发电压,晶闸管才能导通。因此我们让触发电路先后向各自所控制的 6 个晶闸管的门极(对应自然换相点)输出触发脉冲,即在三相电源电压正半波的 1、3、5 点向共阴极组晶闸管 VT_1、VT_3、VT_5 输出触发脉冲,在三相电源电压负半波的 2、4、6 点向共阳极组晶闸管 VT_2、VT_4、VT_6 输出触发脉冲,负载上所得到的整流输出电压 u_d 波形为图 3-10 所示由三相电源线电压 u_{RS}、u_{RT}、u_{ST}、u_{SR}、u_{TR} 和 u_{TS} 的正半波所组成的包络线,各线电压交点处就是三相桥式全控整流电路 6 个晶闸管 $VT_1 \sim VT_6$ 的换相点,也就是晶闸管触发延迟角 α 的起点。

在 $\omega t_1 \sim \omega t_2$ 区间,R 相电位最高,S 相电位最低,此时共阴极组的 VT_1 和共阳极组的 VT_6 同时被触发导通。电流由 R 相经 VT_1 流向负载,又经 VT_6 流入 S 相。假设共阴极组流过 R 相绕组电流为正,那么共阳极组流过 R 相绕组电流就应为负。在这区间 VT_1 和 VT_6 工作,所以整流输出电压为

$$u_d = u_R - u_S = u_{RS}$$

经 60° 后进入 $\omega t_2 \sim \omega t_3$ 区间,R 相电位仍然最高,所以 VT_1 继续导通,但 T 相晶闸管 VT_2 的阴极电位变为最低。在自然换相点 2 处,即 ωt_2 时刻,VT_2 被触发导通,VT_2 的导通使 VT_6 承受反向电压而被迫关断。这一区间负载电流仍然从 R 相绕组流出,经 VT_1、负载、VT_2 回到 T 相绕组,这一区间的整流输出电压为

$$u_d = u_R - u_T = u_{RT}$$

又经 60° 后进入 $\omega t_3 \sim \omega t_4$ 区间,S 相电位变为最高,在 VT_3 的自然换相点 3 处,即 ωt_3 时刻,VT_3 被触发导通。T 相晶闸管 VT_2 的阴极电位仍为最低,负载电流从 R 相绕组换到从 S

相绕组流出,经 VT$_3$、负载、VT$_2$回到 T 相绕组。这一区间的整流输出电压为

$$u_d = u_S - u_T = u_{ST}$$

其他区间,依次类推,并遵循以下规律:

1)三相全控桥式整流电路任一时刻必须有 2 个晶闸管同时导通,才能形成负载电流,其中 1 个在共阳极组,1 个在共阴极组;

2)整流输出电压 u_d 波形是由电源线电压 u_{RS}、u_{RT}、u_{ST}、u_{SR}、u_{TR} 和 u_{TS} 的轮流输出所组成的,晶闸管的导通顺序为(VT$_6$、VT$_1$) → (VT$_1$、VT$_2$) → (VT$_2$、VT$_3$) → (VT$_3$、VT$_4$) → (VT$_4$、VT$_5$) → (VT$_5$、VT$_6$);

3)6 个晶闸管中每个导通 120°,每间隔 60°有 1 个晶闸管换相。

Ⅱ. 对触发脉冲的要求

为了保证整流桥在任何时刻共阴极组和共阳极组各有 1 个晶闸管同时导通,必须对应该导通的一对晶闸管同时给出触发脉冲,为此可采用以下两种触发方式。

1)采用单宽脉冲触发,使每 1 个触发脉冲的宽度大于 60°而小于 120°,这样在相隔 60°要换相时,即后 1 个脉冲出现的时刻,前 1 个脉冲还未消失,因此在任何换相点均能同时触发相邻的 2 个晶闸管。例如在触发 VT$_2$ 时,由于 VT$_1$ 的触发脉冲还未消失,故 VT$_2$ 与 VT$_1$ 同时被触发导通。

2)采用双窄脉冲触发,如图 3-10 所示,在触发某 1 个晶闸管时,触发电路能同时给前 1 个晶闸管补发 1 个脉冲(称为辅助脉冲)。例如在送出 1 号脉冲触发 VT$_1$ 的同时,VT$_6$ 也送出 6′ 号辅助脉冲,这样 VT$_1$ 与 VT$_6$ 就能同时被触发导通;在送出 2 号脉冲触发 VT$_2$ 的同时,对 VT$_1$ 也送出 1′号辅助脉冲,这样 VT$_2$ 与 VT$_1$ 就能同时被触发导通。其余各个晶闸管依次被触发导通,保证任一时刻有 2 个晶闸管同时工作。双窄脉冲的触发电路虽然较复杂,但它可以减少触发电路的输出功率,缩小脉冲变压器的铁芯体积,故这种触发方式用得较多。

Ⅲ. 不同触发延迟角时电路的电压波形

假设三相全控桥带的是电阻负载,现在分析 $\alpha = 60°$ 时的电压波形。

电源相电压交点 1 为 VT$_1$ 的 α 起始点,经过 60°后触发电路同时向 VT$_1$ 与 VT$_6$ 送出窄脉冲,于是 VT$_1$ 与 VT$_6$ 同时被触发导通,输出整流电压 $u_d = u_{RS}$。再经过 60°后 u_{RS} 降到零,但此时触发电路又立即同时触发 VT$_1$ 与 VT$_2$ 导通。VT$_2$ 的导通,使 VT$_6$ 受反向电压而关断。于是输出整流电压 $u_d = u_{RT}$。其余依次类推。$\alpha = 60°$ 时的电压波形如图 3-11 所示。

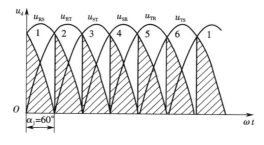

图 3-11　$\alpha = 60°$时的电压波形

α 为其他角度时的电压波形可自行分析。

三相桥式可控整流电路所带负载为电感性时,输出电压平均值可用下式计算:

$$U_d = 2.34 U_e \cos \alpha \tag{3-2}$$

2. 中间电路

变频器的中间电路有滤波电路和制动电路等不同的形式。

(1)滤波电路

虽然利用整流电路可以从电网的交流电源得到直流电压或直流电流,但这种电压或电流含有频率为电源频率 6 倍的纹波,如果将其直接供给逆变电路,则逆变后的交流电压、电流纹波很大。因此,必须对整流电路的输出进行滤波,以减少电压或电流的波动。这种电路称为滤波电路。

Ⅰ.电容滤波

通常用大容量电容对整流电路输出电压进行滤波。由于电容量比较大,一般采用电解电容。为了得到所需的耐压值和容量,往往需要根据变频器容量的要求,将电容进行串并联使用。

二极管整流器在电源接通时,电容中将流过较大的充电电流(亦称浪涌电流),有可能烧坏二极管,故必须采取相应措施。图 3-12 给出了几种抑制浪涌电流的方式。

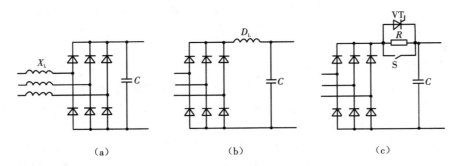

图 3-12 抑制浪涌电流的方式

(a)接入交流电抗;(b)接入直流电抗;(c)串联充电电阻

采用大电容滤波后再送给逆变器,这样可使加于负载上的电压值不受负载变动的影响,基本保持恒定。该变频器电源类似于电压源,因而称为电压型变频器,电压型变频器的电路框图如图 3-13 所示。

电压型变频器逆变电压波形为方波,而电流的波形经电动机绕组感性负载滤波后接近于正弦波,如图 3-14 所示。

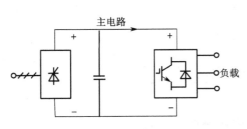

图 3-13 电压型变频器的电路框图

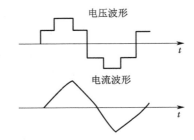

图 3-14 电压型变频器输出的电压和电流波形

Ⅱ.电感滤波

采用大容量电感对整流电路输出电流进行滤波,称为电感滤波。由于经电感滤波后加于逆变器的电流值稳定不变,所以输出电流基本不受负载的影响,电源外特性类似电流源,因而称为电流型变频器。图 3-15 所示为电流型变频器的电路框图。

电流型变频器逆变电流波形为方波,而电压的波形经电动机绕组感性负载滤波后接近于正弦波,如图 3-16 所示。

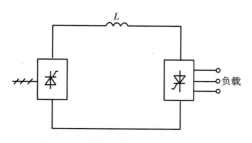

图 3-15　电流型变频器的电路框图

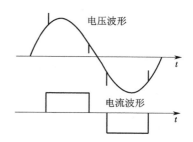

图 3-16　电流型变频器输出的电压和电流波形

（2）制动电路

利用设置在直流回路中的制动电阻吸收电动机的再生电能的方式称为动力制动或再生制动。制动电路可由制动电阻或动力制动单元构成,图 3-17 为制动电路的原理图。制动电路接于整流器和逆变器之间,图中的制动单元包括晶体管 V_B、二极管 VD_B 和制动电阻 R_B。如果回馈能量较大或要求强制动,则还可以选用接于 H、G 两点上的外接制动电阻 R_{EB}。当电动机制动时,能量经逆变器回馈到直流侧,使直流侧滤波电容上的电压升高,当该值超过设定值时,即自动给 V_B 基极施加信号,使之导通,将 R_B（R_{EB}）与电容并联,则存储于电容中的再生能量可经 R_B（R_{EB}）消耗掉。已选购动力制动单元的变频器,可以通过特定功能码进行设定,大多数变频器的软件中预置了这类功能。此外,图 3-17 中 V_B、VD_B 一般设置在变频器箱体内。新型 IPM（智能功率模块）甚至将制动用 IGBT 集成在其中。制动电阻一般设置在柜外,无论是动力制动单元或是制动电阻,在订货时均需向厂家特别说明,它们是作为选购件提供给用户的。

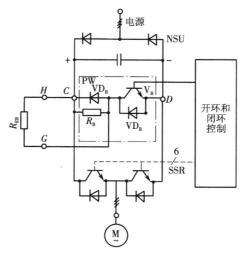

图 3-17　制动电路原理图

还有一种直流制动方式,即异步电动机定子加直流的情况下,转动着的转子产生制动力矩,使电动机迅速停止。这种方式在变频调速中也有应用,在相关资料中称为"DC 制动",即由变频器输出直流的制动方式。当变频器向异步电动机的定子通直流电时(逆变器某几个器件连续导通),异步电动机便进入能耗制动状态。此时变频器的输出频率为零,异步电动机的定子产生静止的恒幅磁场,转动着的转子切割此磁场的磁场线产生制动转矩。电动机存储的动能转换成电能消耗于异步电动机的转子回路中。直流制动方式主要用于需要准确停车的控制,或制止启动前电动机由外因引起的不规则自由旋转,如风机由于风筒中的风压作用而自由旋转,甚至可能反转,启动时可能会产生过电流故障。

3. 逆变电路

(1)逆变电路的工作原理

逆变电路也称为逆变器。图 3-18(a)所示为单相桥式逆变电路,4 个桥臂由开关构成,输入为直流电压 E,负载为电阻 R。当将开关 S_1、S_4 闭合,S_2、S_3 断开时,电阻上得到左正右负的电压;间隔一段时间后将开关 S_1、S_4 打开,S_2、S_3 闭合,电阻上得到右正左负的电压。以频率 f 交替切换 S_1、S_4 和 S_2、S_3,在电阻上就可以得到图 3-18(b)所示的电压波形。显然这是一种交变的电压,随着电压的变化,电流也从一个支路转移到另外一个支路,通常将这一过程称为换相。

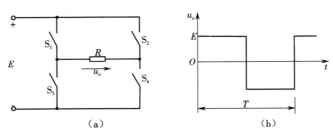

图 3-18　单相桥式逆变电路及其波形
(a)单相桥式逆变电路;(b)工作波形

在实际应用中,图 3-18(a)电路中的开关是各种电力电子器件。逆变电路常用的开关器件有普通型和快速型晶闸管、门极可关断晶闸管(GTO)、电力晶体管(GTR)、功率 MOS 场效应晶体管(P-MOSFET)、绝缘栅双极型晶体管(IGBT)等。普通型和快速型晶闸管作为逆变电路的开关器件时,因其阳极与阴极两端加有正向直流电压,只要在它的门极加正的触发电压,晶闸管就可以导通。但晶闸管导通后门极就失去控制作用,要让它关断就困难了,故必须设置关断电路。如用全控器件,可以在器件的门极(或称为栅极、基极)加控制信号使其导通和关断,换相控制自然就简单多了。

(2)逆变电路的基本形式

Ⅰ.半桥逆变电路

图 3-19(a)为半桥逆变电路,直流电压 U_d 加在 2 个串联的容量足够大的相同电容的两端,并使 2 个电容的连接点为直流电源的中点,即每个电容上的电压为 $U_d/2$。由 2 个导电臂交替工作使负载得到交变电压和电流,每个导电臂由 1 个电力晶体管与 1 个反并联二极管所组成。

电路工作时,2 个电力晶体管 V_1、V_2 基极加交替正偏和反偏的信号,两者互补导通与截

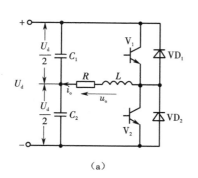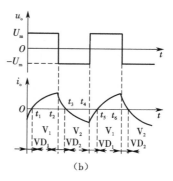

图 3-19　半桥逆变电路及其工作波形

(a)半桥逆变电路原理图;(b)感性负载时的工作波形

止。若电路负载为感性,其工作波形如图 3-19(b)所示,输出电压为矩形波,$U_m = U_d/2$。负载电流 i_o 波形与负载阻抗有关。设 t_2 时刻之前 V_1 导通,电容 C_1 两端的电压通过导通的 V_1 加在负载上,极性为右正左负,负载电流 i_o 由右向左。t_2 时刻给 V_1 加关断信号,给 V_2 加导通信号,则 V_1 关断,但感性负载中的电流 i_o 方向不能突变,于是 VD_2 导通续流,电容 C_2 两端电压通过导通的 VD_2 加在负载两端,极性为左正右负。当 t_3 时刻 i_o 降至零时,VD_2 截止,V_2 导通,开始反向。同样在 t_4 时刻给 V_2 加关断信号,给 V_1 加导通信号后,V_2 关断,i_o 方向不能突变,由 VD_1 导通续流。t_5 时刻 i_o 降至零时,VD_1 截止,V_1 导通,i_o 开始反向。

　　由以上分析可知,当 V_1 或 V_2 导通时,负载电流与电压同方向,直流侧向负载提供能量;而当 VD_1 或 VD_2 导通时,负载电流与电压反方向,负载中电感的能量向直流侧反馈,反馈回的能量暂时储存在直流侧电容器中,电容器起缓冲作用。由于二极管 VD_1、VD_2 是负载向直流侧反馈能量的通道,故称为反馈二极管;同时 VD_1、VD_2 也起着使负载电流连续的作用,因此又称为续流二极管。

　　Ⅱ.全桥逆变电路

　　全桥逆变电路可看作 2 个半桥逆变电路的组合,其电路如图 3-20(a)所示。直流电压 U_d 两端接有大电容 C,使电源电压稳定。电路中有 4 个桥臂,桥臂 1、4 和桥臂 2、3 组成两对。工作时,设 t_2 时刻之前 V_1、V_4 导通,负载上的电压极性为左正右负,负载电流 i_o 由左向右。t_2 时刻给 V_1、V_4 加关断信号,给 V_2、V_3 加导通信号,则 V_1、V_4 关断,但感性负载中的电流 i_o 方向不能突变,于是 VD_2、VD_3 导通续流,负载两端电压的极性为右正左负。当 t_3 时刻 i_o 降至零时,VD_2、VD_3 截止,V_2、V_3 导通,i_o 开始反向。同样,在 t_4 时刻给 V_2、V_3 加关断信号,给 V_1、V_4 加导通信号后,V_2、V_3 关断,i_o 方向不能突变,由 VD_1、VD_4 导通续流。t_4 时刻 i_o 降至零时,VD_1、VD_4 截止,V_1、V_4 导通,i_o 开始反向,如此反复循环,两对交替各导通 180°。其输出电压 u_o 和负载电流 i_o 如图 3-20(b)所示。

　　经数学分析或实际测试,均可得出基波幅值 U_{olm} 和基波有效值 U_{ol} 分别为

$$U_{olm} = 1.27U_d \tag{3-3}$$

$$U_{ol} = 0.9U_d \tag{3-4}$$

4. SPWM 控制技术

(1)概述

在异步电动机恒转矩的变频调速系统中,随着变频器输出频率的变化,必须相应地调节

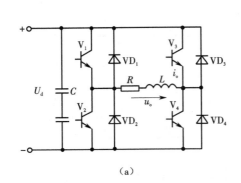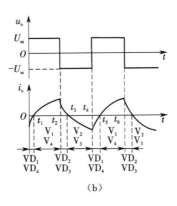

图 3-20　全桥逆变电路及其工作波形

(a)全桥逆变电路原理图;(b)感性负载时的工作波形

其输出电压。此外,在变频器输出频率不变的情况下,为了补偿电网电压和负载变化所引起的输出电压波动,也应适当地调节其输出电压。具体实现调压和调频的方法有很多种,但一般按变频器的输出电压和频率的控制方法分为 PAM 和 PWM。

脉幅调制型变频(Pulse Amplitude Modulation,PAM),是一种通过改变电压源的电压 U_d 或电流源 I_d 的幅值,进行输出控制的方式。它在逆变器部分只控制频率,在整流电路和中间电路部分控制输出的电压或电流。由于 PAM 存在一些固有的缺陷,目前变频器中已很少应用。

脉宽调制型变频(Pulse Width Modulation,PWM),是靠改变脉冲宽度来控制输出电压,通过改变调制周期来控制其输出频率。脉宽调制的方法很多,以调制脉冲的极性分,可分为单极性调制和双极性调制两种;以载频信号与参考信号频率之间的关系分,可分为同步调制和异步调制两种。

(2)SPWM 控制的基本原理

全控型电力电子器件的出现,使得性能优越的脉宽调制(PWM)逆变电路应用日益广泛。这种电路的特点主要是可以得到波形相当接近正弦波的输出电压和电流,所以也称为正弦波脉宽调制(SPWM)。SPWM 控制方式就是对逆变电路开关器件的通断进行控制,使输出端得到一系列幅值相等而宽度不等的脉冲,用这些脉冲来代替正弦波所需的波形。按一定的规则对各脉冲的宽度进行调制,既可改变逆变电路输出电压的大小,也可改变输出频率。

采样控制理论有这样一个结论:冲量相等而形状不同的窄脉冲加在具有惯性的环节上时,其效果基本相同。冲量即指窄脉冲的面积,效果基本相同是指环节的输出响应波形基本相同。例如图 3-21 所示的三种窄脉冲形状不同,但面积相同(假如都等于 1),当它们分别加在同一个惯性环节上时,其输出响应基本相同,且脉冲越窄,其输出差异越小。

根据上述理论,分析正弦波如何用一系列等幅不等宽的脉冲来代替,如图 3-22(a)所示。将一个正弦半波分成 n 等份,每一份可看作是一个脉冲,很显然这些脉冲宽度相等,都等于 π/n,但幅值不等,脉冲顶部为曲线,各脉冲幅值按正弦规律变化。若把上述脉冲序列用同样数量的等幅不等宽的矩形脉冲序列代替,并使矩形脉冲的中点和相应正弦等分脉冲的中点重合,且使二者的面积(冲量)相等,就可以得到图 3-22(b)所示的脉冲序列,即 PWM

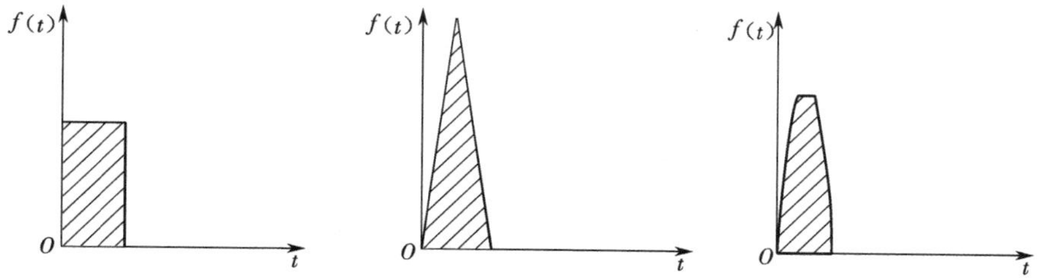

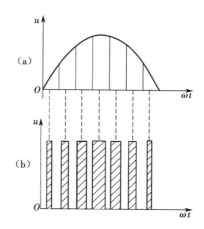

图 3-21　冲量相等形状不同的三种窄脉冲

波形。可以看出,各脉冲的宽度是按正弦规律变化的。根据冲量相等、效果相同的原理,PWM 波形和正弦半波是等效的。用同样的方法,也可以得到正弦负半周的 PWM 波形。完整的正弦波形用等效的 PWM 波形表示,称为 SPWM 波形。

图 3-22　PWM 控制的基本原理示意图

因此,在给出了正弦波频率、幅值和半个周期内的脉冲数后,就可以准确地计算出 SPWM 波形各脉冲宽度和间隔。按照计算结果控制电路中各开关器件的通断,就可以得到所需要的 SPWM 波形。但这种计算非常烦琐,而且当正弦波的频率、幅值等变化时,结果还要变化。较为实用的方法是采用载波,即把希望的波形作为调制信号,把接受调制的信号作为载波,通过对载波的调制得到所期望的 PWM 波形。通常采用等腰三角波作为载波,因为等腰三角波上下宽度与高度呈线性关系,且左右对称,当它与任何一个平缓变化的调制信号波相交时,如在交点时刻控制电路中开关器件的通断,就可以得到宽度正比于信号波幅值的脉冲,这正好符合 PWM 控制的要求,当调节信号波为正弦波时,所得到的就是 SPWM 波形。

图 3-23 为单相桥式 PWM 逆变电路,负载为电感性,功率晶体管作为开关器件,对功率晶体管的控制方法为:在正半周期,让晶体管 V_2、V_3 一直处于截止状态,而让 V_1 一直保持导通,晶体管 V_4 交替通断,当 V_1 和 V_4 都导通时,负载上所加的电压为直流电源电压 U_d;当 V_1 导通而使 V_4 关断时,由于电感性负载中的电流不能突变,负载电流将通过二极管 VD_3 续流。忽略晶体管和二极管的导通压降,负载上所加电压为零。如负载电流较大,那么直到使 V_4 再一次导通之前,VD_3 一直持续导通。如负载电流较快地衰减到零,在 V_4 再次导通之前,负载电压也一直为零。这样输出到负载上的电压 u_o 就有零和 U_d 两种电平。同样在负半周期,

105

让晶体管 V_1、V_4一直处于截止状态,而让 V_2 保持导通,V_3 交替通断。当 V_1、V_4 都导通时,负载上加有 $-U_d$,当 V_3 关断时,VD_4 续流,负载电压为零。因此在负载上可得到 $-U_d$ 和零两种电平。

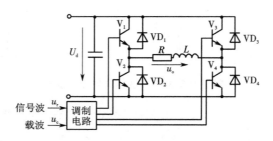

图 3-23　单相桥式 PWM 逆变电路

由以上分析可知,控制 V_3 或 V_4 的通断过程,就可使负载得到 SPWM 波形,控制方式通常有单极性方式和双极性方式两种。

（3）SPWM 逆变电路的控制方式

Ⅰ.单极性方式

单极性控制方式波形如图 3-24 所示,载波 u_c 在调制信号波 u_r 的正半周为正极性的三角波,在负半周为负极性的三角波。当调制信号为正弦波时,在 u_r 和 u_c 的交点时刻控制晶体管 V_3 或 V_4 的通断。具体为:在 u_r 的正半周,V_1 保持导通,当 $u_r > u_c$ 时使 V_4 导通,负载电压 u_o $= -U_d$,当 $u_r < u_c$ 时使 V_4 关断,$u_o = 0$;在 u_r 的负半周,V_1 关断,V_2 保持导通,当 $u_r < u_c$ 时,使 V_3 导通,$u_o = -U_d$,当 $u_r > u_c$ 时使 V_3 关断,$u_o = 0$。这样就得到了 SPWM 波形。图中虚线 u_{of} 表示 u_o 中的基波分量。像这种在 u_r 的正半周期内三角波载波只在一个方向变化,所得到的 PWM 波形也只在一个方向变化的控制方式,称为单极性 PWM 控制方式。

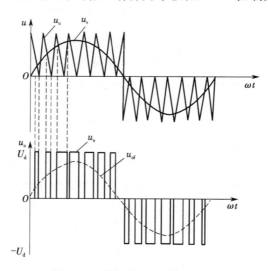

图 3-24　单极性 PWM 控制原理

Ⅱ.双极性控制方式

双极性控制方式波形如图 3-25 所示,在 u_r 的半个周期内,三角波载波是在正、负两个方向变化的,所得到的 PWM 波形也是在两个方向变化的。在 u_r 的一个周期内,输出的 PWM 波形只有 $\pm U_d$ 两种电平。仍然在调制信号 u_r 和载波信号 u_c 的交点时刻控制各开关器件的通断。在 u_r 的正、负半周,对各开关器件的控制规律相同。在 $u_r > u_c$ 时,给晶体管 V_1、V_4 以导通信号,给 V_2、V_3 以关断信号,输出电压 $u_o = U_d$。可以看出,同一半桥上、下两个桥臂晶体管的驱动信号极性相反,处于互补工作方式。在电感性负载情况下,若 V_1 和 V_4 处于导通状态时,给 V_1、V_4 以关断信号,给 V_2、V_3 以导通信号后,则 V_1、V_4 立即关断,因感性负载电流不能突变,V_2、V_3 并不能立即导通,这时二极管 VD_2 和 VD_3 导通续流。当感性负载电流较大时,直到下一次 V_1 和 V_4 重新导通时,负载电流方向始终未变,VD_2、VD_3 持续导通,而 V_1 和 V_3 始终未导通。当负载电流较小时,在负载电流下降到零之前,VD_2 和 VD_3 续流,之后 V_2 和 V_3 导通,负载电流反向。不论 VD_2、VD_3 导通或是 V_2、V_3 导通,负载电压都是 $-U_d$。同样可以分析从 V_2 和 V_3 导通向 V_1 和 V_4 导通切换时,由于电感的作用产生 VD_1 和 VD_4 的续流情况。

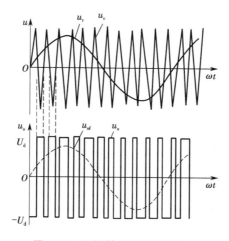

图 3-25 双极性 PWM 控制原理

(4)SPWM 逆变器的调制方式

在 SPWM 逆变器中,三角波电压频率 f_t 与调制波电压频率(即逆变器的输出频率)f_r 之比 $N = f_t/f_r$ 称为载波比,也称为调制比。根据载波比的变化与否,PWM 调制方式可分为同步式、异步式和分段同步式。

Ⅰ.同步调制方式

载波比 N 等于常数时,称同步调制方式。同步调制方式在逆变器输出电压每个周期内所采用的三角波电压数目是固定的,因而所产生的 SPWM 脉冲数是一定的。其优点是在逆变器输出频率变化的整个范围内,皆可保持输出波形的正、负半波完全对称,只有奇次谐波存在。而且能严格保证逆变器输出三相波形之间具有 120° 相位移的对称关系。其缺点是当逆变器输出频率很低时,每个周期内的 SPWM 脉冲数过少,低频谐波分量较大,使负载电动机产生转矩脉动和噪声。

Ⅱ.异步调制方式

为消除上述同步调制的缺点,可以采用异步调制方式。即在逆变器的整个变频范围内,载波比 N 不是一个常数。一般在改变调制波频率 f_r 时保持三角波频率 f_t 不变,因而提高了低频时的载波比,这样逆变器输出电压每个周期内 PWM 脉冲数可随输出频率的降低而增加,相应地可减少负载电动机的转矩脉动与噪声,改善了调速系统的低频工作特性。但异步调制方式在改善低频工作性能的同时,又失去了同步调制的优点。当载波比 N 随着输出频率的降低而连续变化时,它不可能总是 3 的倍数,势必使输出电压波形及其相位都发生变化,难以保持三相输出的对称性,因而易引起电动机工作不平稳。

Ⅲ. 分段同步调制方式

实际应用中,多采用分段同步调制方式,它集同步和异步调制方式之所长,而克服了两者的不足。在一定频率范围内采用同步调制,以保持输出波形对称的优点;在低频运行时,使载波比有级地增大,以采纳异步调制的长处,这就是分段同步调制方式。具体地说,把整个变频范围划分为若干频段,在每个频段内都维持 N 恒定,而对不同的频段取不同的 N 值,频率低时,N 值取大些。采用分段同步调制方式,需要增加调制脉冲切换电路,从而增加了控制电路的复杂性。

(5)SPWM 波形成的方法

Ⅰ. 自然采样法

自然采样法即计算正弦信号波和三角载波的交点,从而求出相应的脉宽和间歇时间,生成 SPWM 波形。图 3-26 表示截取一段正弦与三角波相交的实时状况,检测出交点 A 是发出脉冲的初始时刻,B 点是脉冲结束时刻,T_c 为三角波的周期,t_2 为 AB 之间的脉宽时间,t_1 和 t_3 为间歇时间。显然

$$T_c = t_1 + t_2 + t_3$$

若以单位量 1 代表三角载波的幅值 U_{tm},则正弦波的幅值就是调制度 M,$M = U_{rm}/U_{tm} = U_{rm}$。正弦波的公式可写为

$$u_r = M\sin \omega_1 t$$

式中:ω_1 是正弦波的频率,也就是变频器的输出频率。

经推导可得脉宽的计算公式:

$$t_2 = \frac{T_c}{2}\left[1 + \frac{M}{2}(\sin \omega_1 t_A + \sin \omega_1 t_B) \right] \tag{3-5}$$

本方法需要实时采样 t_A、t_B,计算与控制均比较困难,故实际进行微机控制时,进行简化的近似处理,在三角波为 $-U_{tm}$ 的 t_2 点进行一次采样,脉宽公式即简化为

$$t_2 = \frac{T_c}{2}(1 + M\sin \omega_1 t_e) \tag{3-6}$$

Ⅱ. 数字控制法

早期使用的自然采样法是由模拟控制来实现的方法,现在已很少用。现在用的是由微型计算机来完成的数字控制方法。微型计算机存储预先计算好的 SPWM 数据表格,控制时根据指令调出,由微型计算机的输出接口输出。

Ⅲ. 采用 SPWM 专用集成芯片

用微型计算机产生 SPWM 波,其效果受到指令功能、运算速度、存储容量等限制,有时难以有很好的实时性,因此完全依靠软件生成的 SPWM 波实际上很难适应高频变频器的要求。

随着微电子技术的发展,已开发出一批用于产生 SPWM 信号的集成电路芯片。目前已投入市场的 SPWM 芯片,进口的有 HEF4725、SLE4520,国产的有 THP4725、ZPS－101 等。

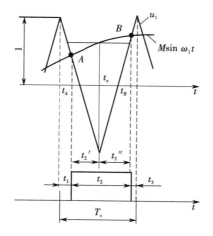

图 3-26　自然采样法生成 SPWM 波

有些单片机本身就带有 SPWM 端口,如 8098、80C196MC 等。

知识总结

交 – 直 – 交变频器的主电路由整流电路、中间电路和逆变电路三个部分组成。

整流电路把电源提供的交流电压变换为直流电压,电路形式分为不可控整流电路和可控整流电路。

中间电路分为滤波电路和制动电路等不同的形式,滤波电路是对整流电路的输出进行电压或电流滤波,经大电容滤波的直流电提供给逆变器的称为电压型逆变器,经大电感滤波的直流电提供给逆变器的称为电流型逆变器;在直流回路中的制动电阻或制动单元以吸收电动机的再生电能的方式实现动力制动。

逆变电路是将直流电变换为频率和幅值可调节的交流电,对逆变电路中功率器件的开关控制一般采用 SPWM 控制方式。

任务 3　变频调速系统的选择与操作

任务目标

掌握变频器的选择原则。

掌握变频系统中电动机的选择原则。

掌握变频系统中电器元件的选择方法。

知识储备

变频调速系统包括变频器、电动机和负载等,合理选择系统设备和规范的操作,是实现系统安全、可靠和经济运行的保证。

1. 变频器的选择

变频器的拖动对象是电动机,因此变频器的选择与电动机的结构形式及容量有关,还与电动机所带负载的类型有关。

（1）笼型电动机

对于笼型电动机选择变频器拖动时，主要依据以下几项要求。

Ⅰ.依据负载电流选择变频器

电动机采用变频器运转同采用工频电源运转相比，由于输出电压、电流中所含高次谐波的影响，电动机的效率、功率因数将降低，电流增加10%。

1）标准电动机在额定电压、额定电流和额定频率下运行时电流为最大，温升也为最大，不允许超负载转矩使用。额定频率为50 Hz的电动机在60 Hz下运转时温度有裕量，可以在额定电流（额定转矩）下使用。选择变频器的额定电流应大于标准电动机的额定电流，变频器的容量应等于或大于标准电动机的容量。

2）一般的通用变频器，是考虑对4极电动机的电流值和各参数能满足运转进行设计制造的。因此，当电动机不是4极（如8极、10极等多极电动机）时，不能仅以电动机的容量来选择变频器的容量，必须用电流来校核。

3）电动机负载非常轻时，即使电动机电流在变频器额定电流以内，也不能使用比电动机容量小很多的变频器。这是因为电动机的电抗随电动机的容量不同而不同，当电动机的负载相同时，电动机的容量越大其脉动电流值也越大，因而有可能超过变频器的过电流耐量。以7.5 kW、4极、200 V、50 Hz的电动机为例，当其轻载运行在2.2 kW时，按电流大小选用3.7 kW的变频器就足够了。但是，考虑电动机电流相同时，容量越大脉动电流值越大的因素，必须选用5.5 kW以上的变频器。

Ⅱ.考虑低速转矩特性

标准电动机采用变频器低速运转时，对于U/f的恒转矩控制，各频率下的运转电流大体同电动机额定频率下的运转电流一样。因此，主要应考虑电动机铜损造成的温升的影响。

在低速运转情况下，即使电动机的铜损大体上与额定时相同，但是由于速度越低电动机冷却效果越差，故电动机定子绕组温升也会发生变化，如图3-27所示。

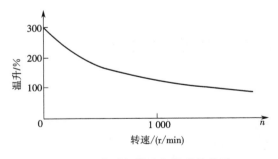

图3-27　电动机转速与温升的关系

因此，通常标准电动机在低速下使用时，必须考虑温升因素而相应地减小运转转矩（电流），对于恒转矩负载必须加大电动机和变频器的容量，但对于风机、泵类等二次方律转矩负载可以使用。

Ⅲ.考虑短时最大转矩

标准电动机在额定电压、额定频率下通常具有输出200%左右最大转矩的能力。但控制标准电动机的变频器的主电路是由电力电子器件组成的，过电流耐量通常为变频器额定电流的150%左右,所以电动机流过的电流不会超过此值,最大转矩也被限制在150%左右。此外,在低频区运转时,电动机电阻在阻抗中占的比例增大,转矩特性大幅度降低。

由于以上两个限制,在负载变动大或需要启动转矩大等情况下,要选择容量高一个等级的电动机与变频器。

Ⅳ.考虑允许最高频率范围

通用变频器中有的可以输出工频以上的频率(例如120 Hz或240 Hz),但电动机是以工频条件下运转为前提而制造的,因此在工频以上频率使用时,必须确认电动机允许最高频率范围。通常电动机允许最高频率范围受下列因素限制:

1)轴承的极限转速;

2)风扇、端子等的强度;

3)转子的极限速度;

4)其他特殊零件的强度。

考虑了这些限制因素后的电动机容许最高频率范围见表3-1。

表3-1　电动机容许最高频率范围

机号	室内式/Hz			室外式/Hz		
	2极	4极	6极	2极	4极	6极
71	120以下	120以下	120以下	120以下	120以下	120以下
80						
90						
100						
112	90以下	120以下	65以下	120以下	120以下	120以下
132						
160	75以下	100以下	100以下	100以下	100以下	
180	65以下				65以下	90以下

Ⅴ.考虑噪声

变频器控制电动机运转时,与工频电源相比噪声有些增大。特别是电动机在额定转速(频率)以上运转时,通风噪声非常大,采用时必须充分考虑。

另外,低速运转同工频电源相比也有刺耳的金属声(磁噪声)发生(采用IGBT、IPM器件的变频器,这种现象几乎没有),可以使用噪声滤波电抗器(选件)降低磁噪声。

Ⅵ.考虑振动

变频器控制电动机时,就电动机本身来说,同工频电源相比,振动并没有大幅增加。但是,把电动机安装在机械上,由于与机械系统的固有频率发生谐振以及与所传动机械的旋转体不平衡量大时,往往会发生异常振动。此时,需要考虑修正平衡,可采用轮箍式联轴器或防振橡胶等措施。

(2)绕线转子异步电动机

绕线转子异步电动机采用变频器控制运行,大多是对老设备进行改造,利用已有的电动机。改用变频器调速时,可将绕线转子异步电动机的转子短路,去掉电刷和启动器。考虑电动机输出时的温升问题,所以容量要降低10%以上。由于绕线转子异步电动机转子内阻较小,是一种高效的笼型异步电动机,但容易发生谐波电流引起的过电流跳闸现象,所以应选择比通常容量稍大的变频器。

由于绕线转子异步电动机变速负荷的 GD^2(飞轮矩)一般比较大,因此设定变频器的加、减速时间要长一些。

(3)变频器专用电动机

普通电动机是按工频电源下能获得最佳特性而设计的,所以使用通用变频器时,根据用途在特性、强度等方面会受到限制。因此,为变频器传动而设计的各种专用电动机已有系列化产品。

变频器专用电动机的分类有以下几种:

1)在运转频率区域内低噪声、低振动;

2)在低频区内提高连续容许转矩(恒转矩式电动机);

3)高速用电动机;

4)用于闭环控制(抑制转速变动)的带测速发电机的电动机;

5)矢量控制用电动机。

2. 各种专用电动机

(1)低噪声、低振动的专用电动机

磨床、自动车床等机床,由于加工精度上的原因要求低振动,近年来这些电动机的调速多使用变频器。另外,通常从公害和改善工作环境等方面要求电动机低噪声也变得强烈。因此,作为系列化了的产品,变频器专用电动机与一般电动机相比,多数是解决了噪声、振动问题。这种专用电动机用变频器传动时,其噪声、振动比标准电动机小得多。

如前所述,变频器传动时噪声、振动变大,这是由于较低次的脉动转矩引起的。特别是电动机气隙的不平衡和转子的谐振,它们是振动较大的原因,也是电磁噪声增大的原因。另外,与风扇罩等电动机零件的谐振也能产生电磁噪声。噪声的大小随电磁脉动的增大而增大。因此,为降低振动与电磁噪声,可以考虑以下几点:

1)减小气隙不平衡;

2)使各部件的固有频率与电磁脉动的分量错开;

3)减小电磁脉动的大小。

采用五相集中绕组变频器调速异步电动机,五相集中绕组变频器调速异步电动机具有功率密度高、输出转矩大、电磁振动和噪声低等优点。

(2)提高转矩特性的变频器专用电动机

标准电动机用变频器传动时,即使频率与工频电源相同,电流也增加约 10%,温升则要提高约 20%;在低速区,冷却效果和电动机产生的最大转矩均降低,因而必须减轻负载。但是根据用途,要求低速区有 100% 的转矩或者为了缩短加速时间要求低速输出大转矩的情况时有发生。对于这样的用途如果采用标准电动机,则电动机容量需要增大,根据情况变频器的容量也要增大。基于此,制造厂家生产了 100% 转矩可以连续使用到低速区的专用电动机,并系列化。这种专用电动机转矩特性曲线如图 3-28 所示。由图可见,从 6 Hz 到 60 Hz 可以用额定转矩连续运转。给这种专用电动机供电的变频器,可以采用标准规格,也可采用 U/f 模式等特殊化的专用变频器。

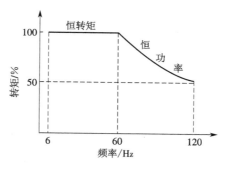

图 3-28　专用电动机转矩特性曲线

（3）高速变频器专用电动机

高速电动机使用转速为 10 000 ~ 300 000 r/min，为了抑制高频铁损产生的温升，多采用水冷却。另外，高速电动机采用空气轴承、油雾轴承、磁轴承等，在结构上与一般电动机完全不同，是一种特殊电动机。

另一方面，在通用变频器的普及方面，变频器的最高频率已上升到 60 Hz、120 Hz、240 Hz，与此相应，转速在 10 000 r/min 左右的廉价高速电动机需求量也增加了。

高速运转的问题有：

1）轴承的极限转速；

2）冷却风扇、端子的强度；

3）由于机械损耗的增加造成的轴承温度升高；

4）噪声的增加；

5）转子的不平衡等。

为此，有去掉端环风叶和冷却风扇，采用全封闭自冷或冷却风扇单独传动的强迫通风方式，设置平衡环等措施。

（4）带测速发电机的专用电动机

为变频器闭环控制而设计制造的带测速发电机的专用电动机，多用于为了提高速度精度，要求采用转差频率控制的闭环控制，测速发电机的规格是三相交流式，能产生较高的输出电压。

（5）矢量控制电动机

矢量控制调速系统要求电动机惯性小，作为专用电动机已系列化。检出器采用磁编码器、光编码器等，变频器也为矢量控制电动机专门设计。

3. 变频调速系统的主电路及电器选择

变频调速系统的主电路是指从交流电源到负载之间的电路，各种不同型号变频器的主回路端子差别不大，通常用 R、S、T 表示交流电源的输入端，U、V、W 表示变频器的输出端。在实际应用中，需要和许多外接的电器一起使用，构成一个比较完整的主电路，如图 3-29 所示。在实际应用中，图 3-29 所示电路中的电器并不一定全部都要连接，有的电器是选购件。

图 3-30 是常见的一台变频器带一台电动机的连接电路。

在某些生产机械不允许停机的系统中，当变频器因发生故障而跳闸时，必须将电动机迅速切换到工频运行；还有一些系统为了减少设备投资，由一台变频器控制多台电动机，但变

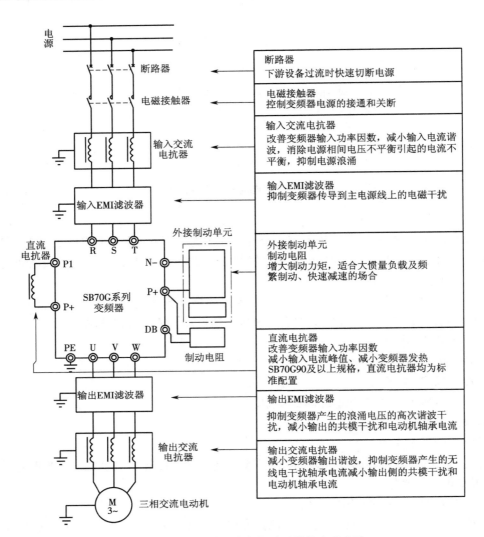

图 3-29　森兰 SB70G 变频调速系统的完整电路

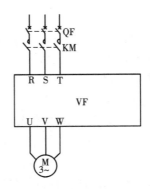

图 3-30　一台变频器带一台电动机的连接电路

频器只能带动一台电动机负载,其他电动机只能切换到工频运行,常见的供水系统就是这样的。在这种能够实现工频和变频切换的电路中,熔断器 FU 和热继电器 FR 是不能省略的。同时变频器的输出接触器和工频接触器之间必须有可靠的互锁,防止工频电源直接与变频器输出端相接而损坏变频器。图 3-31 所示为切换控制的主电路。

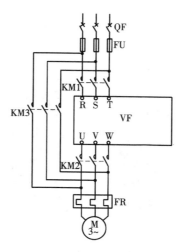

图 3-31　切换控制的主电路

（1）断路器的选择

因为低压断路器（图 3-32）具有过电流保护功能,为了避免不必要的误动作,选用时应充分考虑电路中是否有正常过电流。在变频器单独控制电路中,属于正常过电流的情况有以下几种。

图 3-32　断路器

1）变频器刚接通瞬间,对电容的充电电流可高达额定电流的 2～3 倍。

2）变频器的进线电流是脉冲电流,其峰值经常可能超过额定电流。一般变频器允许的过载能力为额定电流的 150% ,运行 1 min。所以为了避免误动作,低压断路器的额定电流应选

$$I_{\mathrm{qn}} \geqslant (1.3 \sim 1.4) I_{\mathrm{n}} \tag{3-6}$$

式中, I_{n} 为变频器的额定电流。

在电动机要求实现工频和变频的切换控制电路中,断路器应按电动机在工频下的启动

电流来进行选择,即

$$I_{qn} \geqslant 2.5 \, I_{mn} \tag{3-7}$$

式中,I_{mn} 为电动机的额定电流。

(2)接触器的选择

接触器(图 3-33)的功能是在变频器出现故障时切断主电源,并防止掉电及故障后的再启动。接触器根据连接的位置不同,其型号的选择也不尽相同,下面以图 3-29 所示电路为例,介绍接触器的选择方法。

图 3-33 接触器

1)输入侧接触器的选择原则是主触点的额定电流 I_{kn} 只需大于或等于变频器的额定电流 I_n 即可,即

$$I_{kn} > I_n \tag{3-8}$$

2)输出侧接触器仅用于和工频电源切换等特殊情况下,一般不用。因为输出电流中含有较强的谐波成分,其有效值略大于工频运行时的有效值,故主触点的额定电流满足

$$I_{kn} > 1.1 I_{mn} \tag{3-9}$$

式中,I_{mn} 为电动机的额定电流。

3)工频接触器的选择应考虑到电动机在工频下的启动情况,其触点电流通常可按电动机的额定电流再加大一个挡次来选择。

(3)输入交流电抗器

输入交流电抗器可抑制变频器输入电流的高次谐波,明显改善功率因数。输入交流电抗器为选购件,在以下情况下应考虑接入交流电抗器:

1)变频器所用之处的电源容量与变频器容量之比为 10:1 以上;

2)同一电源上接有晶闸管变流器负载或在电源端带有开关控制调整功率因数的电容器;

3)三相电源的电压不平衡度较大($\geqslant 3\%$);

4)变频器的输入电流中含有许多高次谐波成分,这些高次谐波电流都是无功电流,使变频调速系统的功率因数降低到 0.75 以下;

5)变频器的功率大于 30 kW。

接入的交流电抗器应满足以下要求:电抗器自身分布电容小,自身的谐振点要避开抑制频率范围,保证工频压降在 2% 以下,功耗要小。

交流电抗器的外形如图 3-34 所示,常用交流电抗器的规格见表 3-2。

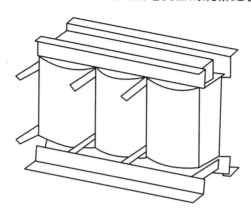

图 3-34 交流电抗器

表 3-2 常用交流电抗器的规格

电动机容量/kW	30	37	45	55	75	90	110	132	160	200	220
变频器容量/kW	30	37	45	55	75	90	110	132	160	200	220
电感量/mH	0.32	0.26	0.21	0.18	0.13	0.11	0.09	0.08	0.06	0.05	0.05

交流电抗器的型号规定:ACL－□,其中□为使用变频器的容量千瓦数。例如,132 kW 的变频器应写为 ACL－132 型变频器。

（4）无线电噪声滤波器

变频器的输入和输出电流中都含有很多高次谐波成分。这些高次谐波电流除了增加输入侧的无功功率、降低功率因数(主要是频率较低的谐波电流)外,频率较高的谐波电流还将以各种方式把自己的能量传播出去,形成对其他设备的干扰,严重的甚至还可能使某些设备无法正常工作。

滤波器就是用来削弱这些较高频率的谐波电流,以防止变频器对其他设备的干扰。滤波器主要由滤波电抗器和电容器组成。图 3-35(a)所示为输入侧滤波器,图 3-35(b)所示为输出侧滤波器。应注意的是:变频器输出侧的滤波器中,其电容器只能接在电动机侧,且应串入电阻,以防止逆变器因电容器的充、放电而受冲击。滤波电抗器的结构如图 3-35(c)所示,由各相的连接线在同一个磁心上按相同方向绕 4 圈(输入侧)或 3 圈(输出侧)构成。需要说明的是:三相的连接线必须按相同方向绕在同一个磁心上,这样其基波电流的合成磁场为 0,因而对基波电流没有影响。

在对防止无线电干扰要求较高及要求符合 CE、UL、CSA 标准的使用场合,或变频器周围有抗干扰能力不足的设备等场合,均应使用该滤波器。安装时注意接线尽量缩短,滤波器应尽量靠近变频器。

（5）制动电阻及制动单元

制动电阻及制动单元的功能是当电动机因频率下降或重物下降(如起重机械)而处于再生制动状态时,避免在直流回路中产生过高的泵生电压。

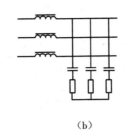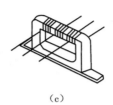

（a） （b） （c）

图 3-35　无线电噪声滤波器

（a）输入侧滤波器；（b）输出侧滤波器；（c）滤波电抗器的结构

Ⅰ. 制动电阻 R_B 的选择

1）制动电阻 R_B 的大小：

$$R_B = \frac{U_{DH}}{2I_{mn}} \sim \frac{U_{DH}}{I_{mn}} \tag{3-10}$$

式中，U_{DH} 为直流回路电压的允许上限值（V），在我国 $U_{DH} \approx 600$ V。

2）电阻的功率 P_B：

$$P_B = \frac{U_{DH}^2}{\gamma R_B} \tag{3-11}$$

式中，γ 为修正系数。

3）常用制动电阻的阻值与容量的参考值见表 3-3。

表 3-3　常用制动电阻的阻值与容量的参考值（电源电压 380 V）

电动机容量/kW	电阻值/Ω	电阻功率/kW	电动机容量/kW	电阻值/Ω	电阻功率/kW
0.40	1 000	0.14	37	20.0	8
0.75	750	0.18	45	16.0	12
1.50	350	0 40	55	13.6	12
2.10	250	0.55	75	10.0	20
3.70	150	0.90	90	10.0	20
5.50	110	1.30	110	7.0	27
7.50	75	1.80	132	7.0	27
11.0	60	2.50	160	5.0	33
15.0	50	4.00	200	4.0	40
18.5	40	4.00	220	3.5	45
22.0	30	5.00	280	2.7	64
30.0	24	8.00	315	2.7	64

由于制动电阻的容量不易准确掌握，如果容量偏小，则极易烧坏。所以，制动电阻箱内应附加热继电器 FR。

Ⅱ. 制动单元 VB

一般情况下，只需根据变频器的容量进行配置即可。

（6）直流电抗器

直流电抗器可将功率因数提高至 0.9 以上。由于其体积较小，因此许多变频器已将直流电抗器直接装在变频器内。

直流电抗器除了提高功率因数外，还可削弱在电源刚接通瞬间的冲击电流。如果同时配用交流电抗器和直流电抗器，则可将变频调速系统的功率因数提高至 0.95 以上。直流电抗器的外形如图 3-36 所示，常用直流电抗器的规格见表 3-4。

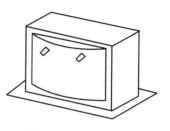

图 3-36 直流电抗器

表 3-4 常用直流电抗器的规格

电动机容量/kW	30	37～55	75～90	110～132	160～200	220	280
允许电流/A	75	150	220	280	370	560	740
电感量/μH	600	300	200	140	110	70	55

（7）输出交流电抗器

输出交流电抗器用于抑制变频器的辐射干扰和感应干扰，还可以抑制电动机的振动。输出交流电抗器是选购件，当变频器干扰严重或电动机振动时，可考虑接入。输出交流电抗器的选择与输入交流电抗器相同。

4. 变频调速系统的控制电路

（1）变频器控制电路的主要组成

为变频器的主电路提供通断控制信号的电路，称为控制电路。其主要任务是完成对逆变器开关器件的开关控制和提供多种保护功能。控制方式有模拟控制和数字控制两种。目前已广泛采用了以微处理器为核心的全数字控制技术，采用尽可能简单的硬件电路，主要靠软件完成各种控制功能，以充分发挥微处理器计算能力强和软件控制灵活性高的特点，完成许多模拟控制方式难以实现的功能。控制电路主要由以下部分组成。

1）运算电路：主要作用是将外部的压力、速度、转矩等指令信号同检测电路的电流、电压信号进行比较运算，决定变频器的输出频率和电压。

2）信号检测电路：将变频器和电动机的工作状态反馈至微处理器，并由微处理器按事先确定的算法进行处理后为各部分电路提供所需的控制或保护信号。

3）驱动电路：作用是为变频器中逆变电路的换流器件提供驱动信号。当逆变电路的换流器件为晶体管时，称为基极驱动电路；当逆变电路的换流器件为 SCR、IGBT 或 GTO 晶闸管时，称为门极驱动电路。

4）保护电路：主要作用是对检测电路得到的各种信号进行运算处理，以判断变频器本身或系统是否出现异常。当检测到异常时，进行各种必要的处理，如使变频器停止工作或抑制电压、电流值等。

以上变频器的各种控制电路，有些是由变频器内部的微处理器和控制单元完成的；有些是由外接的控制电路与内部电路配合完成的。由外接的控制电路来控制其运行的工作方式称为外控运行方式（有的说明书上称为"远控方式"），在需要进行外控运行时，变频器需事先将运行模式预置为外部运行,如森兰全能王 SB60/61 系列变频器中,将功能代码 F004 预置为"1"。

（2）正转控制的基本电路

以森兰 SB40 系列变频器为例,将变频器的正转接线端"FWD"与公共端"CM"之间用一个短路片连接。这时,只要变频器接上电源,就可以开始运行了,如图 3-37 所示。

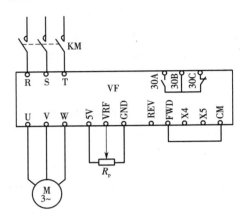

图 3-37　正转运行电路

如果电动机的旋转方向反了,可以不必更换电动机的接线,而通过以下方法来更正。

1）将正转接线端"FWD"断开,使反转接线端"REV"与公共端"CM"连接。

2）正转接线端"FWD"的连线不变,通过功能预置来改变旋转方向。如森兰 SB40 系列变频器中,将功能代码 F68 预置为"1"时为正转,预置为"2"时为反转。

如图 3-37 所示电路,虽然也可以使变频调速系统开始运行,但一般不推荐以这种方式来直接控制电动机的启动和停止,其原因如下。

1）准确性和可靠性难以保证。控制电路的电源在尚未充电至正常电压之前,其工作状况有可能出现紊乱。尽管现代的变频器对此已经作了处理,但所作的处理仍需由控制电路来完成。因此,在频繁操作的情况下,其准确性和可靠性难以得到充分的保证。

2）电动机自由制动。通过接触器 KM 来切断电源,变频器就不能工作了,电动机将处于自由制动状态,不能按预置的减速时间来停机。

3）对电网有干扰。变频器在刚接通电源的瞬间,充电电流是很大的,会构成对电网的干扰。因此,应将变频器接通电源的次数降低到最低程度。

（3）开关控制电路

开关控制正转运行的电路如图 3-38 所示。图 3-38 所示电路是在"FWD"和"CM"之间接入开关 SA。这里,接触器 KM 仅用于为变频器接通电源,电动机的启动和停止由开关 SA 来控制。图中的"30B"和"30C"是指变频器的跳闸信号。当变频器正常工作时,30B 与 30C 之间的触点闭合,保证变频器接通;当变频器工作出现故障时,30B 与 30C 之间的触点断开,使变频器断电,同时 30A 与 30C 之间的触点闭合,输出报警信号。

图 3-38 所示电路的优点是简单;缺点是 KM 与 SA 之间无互锁环节,难以防止先合上 SA 再接通 KM,或在 SA 尚未断（电动机未停机）的情况下,通过 KM 切断电源的误动作。

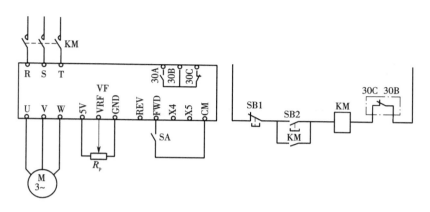

图 3-38   开关控制正转运行电路

（4）继电器控制电路

由继电器控制的正转运行电路如图 3-39 所示。

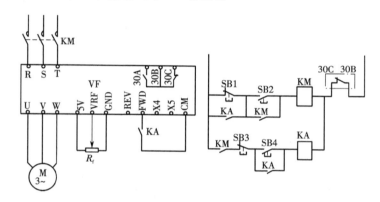

图 3-39   由继电器控制的正转运行电路

由图 3-39 可以看出，电动机的启动与停止是由继电器 KA 来完成的。在接触器 KM 未吸合前，继电器 KA 是不能接通的，从而防止了先接通 KA 的误动作。而当 KA 接通时，其常开触点使常闭按钮 SB1 失去作用，只有先按下电动机停止按钮 SB3，在 KA 失电后 KM 才有可能断电，从而保证了只有在电动机先停机的情况下，才能使变频器切断电源。

（5）正、反转控制

Ⅰ.旋钮开关控制电路

三位旋钮开关控制正、反转电路如图 3-40 所示。

图 3-40 与图 3-38 所示的正转控制电路完全类似，只是改为三位开关 SA 了，包括"正转""停止""反转"3 个位置。

图 3-40 的优缺点也与图 3-38 所示电路相同，即电路结构简单，但难以避免由 KM 直接控制电动机或在 SA 尚未断（电动机未停机）的情况下通过 KM 切断电源的误动作。

Ⅱ.继电器控制的正、反转电路

继电器控制的正、反转电路如图 3-41 所示。

按钮 SB2、SB1 用于控制接触器 KM，从而控制变频器接通或切断电源。

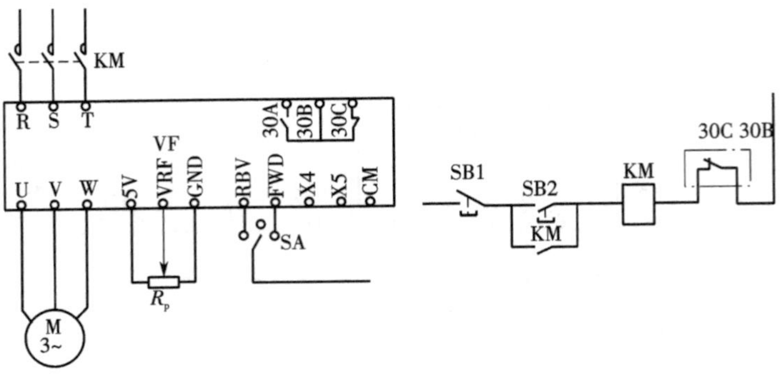

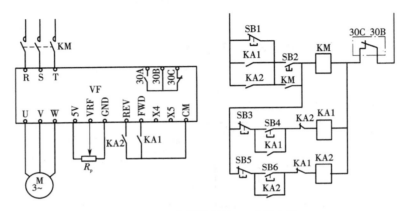

图 3-40　三位旋钮开关控制正反转电路

图 3-41　继电器控制的正、反转电路

按钮 SB4、SB3 用于控制正转继电器 KA1，从而控制电动机的正转运行与停止。

按钮 SB6、SB5 用于控制反转继电器 KA2，从而控制电动机的反转运行与停止。

正转与反转运行只有在接触器 KM 已经动作、变频器已经通电的状态下才能进行。

与按钮 SB1 常闭触点并联的 KA1、KA2 触点用以防止电动机在运行状态下通过 KM 直接停机。

（6）升速与降速控制

变频器的输入控制端中有两个端子，经过功能设定，可以作为升速和降速之用，如图 3-42 所示。

以森兰 BT40 系列变频器为例，通过对频率给定方式进行设定，可使"X4"和"X5"控制端子具有如下功能。

"X5 – CM"接通——频率上升；

"X5 – CM"断开——频率保持。

"X4 – CM"接通——频率下降；

"X4 – CM"断开——频率保持。

利用这两个升速和降速控制端子，可以在远程控制中通过按钮开关来进行升速和降速控制，从而可以灵活地应用在各种自动控制的场合。

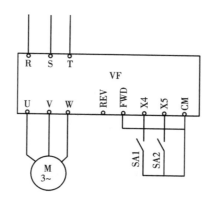

图 3-42 变频器升速、降速控制

（7）变频与工频切换的控制电路

图 3-43 所示为变频与工频切换的控制电路。该电路可以满足以下要求：

1）用户可根据工作需要选择"工频运行"或"变频运行"；

2）在"变频运行"时，一旦变频器因故障而跳闸时，可自动切换为"工频运行"方式，同时进行声光报警。

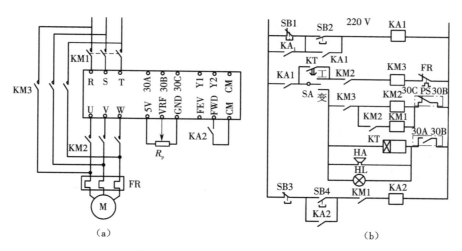

图 3-43 变频与工频切换的控制电路

（a）主电路；（b）控制电路

图 3-43（a）为主电路，接触器 KM1 用于将电源接至变频器的输入端，接触器 KM2 用于将变频器的输出端接至电动机，接触器 KM3 用于将工频电源直接接至电动机，热继电器 FR 用于工频运行时的过载保护。

对控制电路的要求是：接触器 KM2 和 KM3 绝对不允许同时接通，相互间必须有可靠的互锁，最好选用具有机械互锁的接触器。

图 3-43（b）为控制电路，运行方式由三位开关 SA 进行选择。当 SA 合至"工频运行"方式时，按下启动按钮 SB2，中间继电器 KA1 动作并自锁，进而使接触器 KM3 动作，电动机进入"工频运行"状态。按下停止按钮 SB1，中间继电器 KA1 和接触器 KM3 均断电，电动机停

止运行。

当 SA 合至"变频运行"方式时，按下启动按钮 SB2，中间继电器 KA1 动作并自锁，进而使接触器 KM2 动作，将电动机接至变频器的输出端。接触器 KM2 动作后，接触器 KM1 也动作，将工频电源接到变频器的输入端，并允许电动机启动。

按下启动按钮 SB4，中间继电器 KA2 动作，电动机开始升速，进入"变频运行"状态。中间继电器 KA2 动作后，停止按钮 SB1 将失去作用，以防止直接通过切断变频器电源使电动机停机。

在变频运行过程中，如果变频器因故障而跳闸，则"30B－30C"断开，接触器 KM2 和 KM1 均断电，变频器和电源之间以及电动机和变频器之间都被切断。

与此同时，"30B－30A"闭合，一方面由蜂鸣器 HA 和指示灯 HL 进行声光报警。同时，时间继电器 KT 延时后闭合，使接触器 KM3 动作，电动机进入"工频运行"状态。操作人员发现后，应将选择开关 SA 旋至"工频运行"位。这时，声光报警停止，并使时间继电器 KT 断电。

（8）变频器的程序控制

变频器的程序控制方式主要有以下三种。

Ⅰ.用变频器的编程功能进行程序控制

各种变频器都具有简单的程序控制功能，各程序段的运行时间由变频器内部的计时器根据用户预置的参数计时决定。现以森兰 SB61 系列变频器为例，说明如下。

对于编程功能的预置，大致有两个部分。

1）基本要求的预置：在森兰 SB61 系列变频器里。

①程控功能选择（F700）：

"0"——程控功能无效；

"1"——循环 N 个周期后，停止；

"2"——循环 N 个周期后，以第 15 挡频率运行；

"3"——连续循环运行；

"4"——程序控制优先。

②计时单位选择（F701）：

"0"——计时单位为 s；

"1"——计时单位为 min。

2）各程序段的预置：图 3-44 所示为变频器的编程功能，每个程序段要设定 3 个数据。

①运行时间，功能码如 F703、F705、F707、……

②运行频率，第一程序的频率为多挡转速的第一挡运行频率（F616），第二程序的频率为多挡转速的第二挡运行频率（F617），以此类推。

③运行方向及加、减速时间，功能码如 F704、F706、F708、……

Ⅱ.多挡转速控制电路

几乎所有的变频器都具有多挡转速的功能，各挡转速间的转换是由外接开关的通断组合来实现的。三个输入端子可切换 8 挡转速（包括 0 速）。对森兰 SB60 系列变频器来说，需用编程方法将 X1、X2、X3 定义为多挡频率端子。多挡转速功能各程序段之间的切换是由外部条件来决定的。

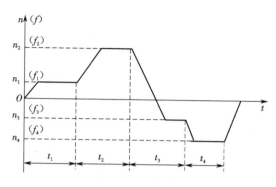

图 3-44   变频器的编程功能

Ⅲ. 简易 PLC 运行功能

例如森兰 SB70 变频器采用 PLC 中断运行再启动方式,可由 F8 – 00"PLC 运行设置"十位确定。当 PLC 运行中断(故障或停机)时,可选择"从第一段开始运行";还可以选择"从中断时刻的阶段频率继续运行"或者"从中断时刻的运行频率继续运行",启动方式由 F1 – 19 确定,如图 3-45 所示。

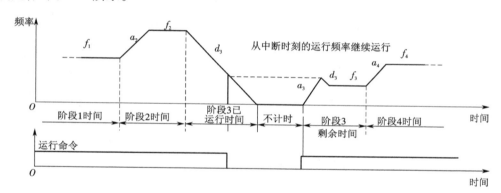

图 3-45   采用 PLC 中断运行再启动方式

图 3-45 中的 f_n 为阶段 n 的多段频率,a_n、d_n 为阶段 n 的加、减速时间,T_n 为阶段 n 时间,n 为 1~48。

PLC 状态可选择掉电存储,这样下次再运转时,可从停止时的状态继续运行。例如:一天的作业结束后,变频器停止并断电,第二天只需上电并启动运行,就可继续前一天未完的作业。

修改 F8 – 00、F8 – 01 或 F8 – 02 时,PLC 的状态会自动复位。

SB70 的 PLC 可以选择多个模式,相当于具有多套简易 PLC 设置,用户可通过切换不同参数选择不同工作模式。

图 3-45 采用 PLC 中断运行再启动方式的模式来满足不同规格产品的生产工艺要求。例如:一套水泥管桩离心制造设备可以选择不同模式生产不同规格的管桩。生产 6 种规格的管桩,每种规格需 8 段 PLC 运行,可设置 F8 – 01 个位 =4(共 6 种模式,每种模式 8 段)。

运行中切换模式在停机后生效,可选择的最大模式号由 F8 – 01 个位决定。

5. 变频调速系统的外接给定电路

在变频器中，通过面板、通信接口或输入端子调节频率大小的指令信号，称为给定信号。所谓外接给定，就是变频器通过信号输入端从外部得到频率的给定信号。

（1）数字量给定方式

频率给定信号为数字量，这种给定方式的频率精度很高，可达给定频率的 0.01% 以内。具体的给定方式有以下两种。

1）面板给定，通过面板上的升键（∧键或▲键）和降键（∨键或▼键）来设置频率的数值。

2）通信接口给定，由上位机或 PLC 通过接口进行给定。现在多数变频器都带有 RS－485 接口或 RS－232C 接口，便于实现与上位机的通信，上位机即可将设置的频率数值传送给变频器。

（2）模拟量给定方式

即给定信号为模拟量，主要有电压信号、电流信号。当进行模拟量给定时，变频器输出频率的精度略低，约在最大频率的 ±0.2% 以内。

常见的给定方法有以下几种。

Ⅰ. 电位器给定

利用电位器的连接提供给定信号，该信号为电压信号。例如森兰 SB12 系列变频器，通常由端子"5 V"提供 +5 V 电源，端子"GND"是输入信号的公共端，端子"VRF"为给定电压信号输入端，如图 3-46 所示。森兰 SB70 系列变频器的频率给定电位器已引到了变频器的操作面板上，如无特殊需要，也就不必再考虑它的连接了。

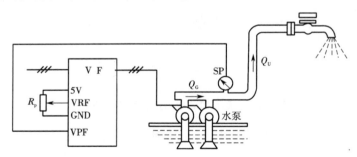

图 3-46　恒压供水系统电位器给定信号的连接

Ⅱ. 直接电压（或电流）给定

由外部仪器设备直接向变频器的给定端输出电压或电流信号，端子"VRF"为给定电压信号的输入端，端子"IRF"为给定电流信号的输入端。

Ⅲ. 频率给定线

a. 频率给定线的定义

由模拟量进行外接频率给定时，变频器的给定频率 f_x 与给定信号 x 之间的关系曲线 $f_x = f(x)$，称为频率给定线。这里的给定信号 x 既可以是电压信号 U_G，也可以是电流信号 I_G。

b. 基本频率给定线

在给定信号 x 从 0 增大至最大值 x_{max} 的过程中，给定频率 f_x 线性地从 0 增大到 f_{max} 的频率给定线，称为基本频率给定线。其起点为 $(x = 0, f_x = 0)$，终点为 $(x = x_{max}, f_x = f_{max})$，如图

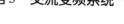

3-47 中的曲线①所示。

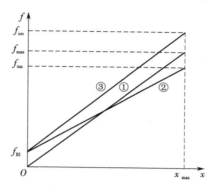

图 3-47　频率给定含义

例 3-1　假设给定信号为 4 ~ 20 mA，要求对应的输出频率为 0 ~ 50 Hz。

解　$I_G = 4$ mA 与 $x = 0$ 相对应，$I_G = 20$ mA 与 $x = x_{max}$ 相对应，作出的频率给定线如图 3-48 所示。

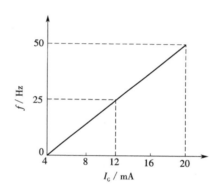

图 3-48　频率给定实例

c. 频率给定线的预置

频率给定线的起点和终点坐标可以拖动系统的需要预置。

1）起点坐标（$x = 0$，$f_x = f_{BI}$）：这里 f_{BI} 为给定信号 $x = 0$ 时所对应的给定频率，称为偏置频率。在森兰 SB70 系列变频器中偏置频率的功能码是"F302"。

2）终点坐标（$x = x_{max}$，$f_x = f_{xm}$）：这里 f_{xm} 为给定信号 $x = x_{max}$ 时所对应的给定频率，称为最大给定频率。

预置时，偏置频率 f_{BI} 是直接设定的频率值，而最大给定频率 f_{xm} 常常是通过预置"频率增益" $G\%$ 来设定的。

$G\%$ 的定义是最大给定频率 f_{xm} 与最大频率 f_{max} 之比的百分数，即

$$G\% = \frac{f_{xm}}{f_{max}} \times 100\%$$

如 $G\% > 100\%$，则 $f_{xm} > f_{max}$，这时的 f_{xm} 为理想值，其中理想输出频率大于 f_{max} 的部分，变频器的实际输出频率为 f_{max}。

在森兰 SB70 系列变频器中,频率增益的功能码是"F300"。

预置后的频率给定线如图 3-47 中的曲线②($G\% < 100\%$)和曲线③($G\% > 100\%$)所示。

d. 最大频率、最大给定频率与上限频率的区别

最大频率 $f_{\max}$ 和最大给定频率 f_{xm} 都与最大给定信号 $x_{\max}$ 相对应,但最大频率 $f_{\max}$ 通常是由基准情况决定的;而最大给定频率 f_{xm} 常常是根据实际情况进行修正的结果。

当 $f_{xm} < f_{\max}$ 时,变频器能够输出的最大频率由 f_{xm} 决定,f_{xm} 与 $x_{\max}$ 对应。

当 $f_{xm} > f_{\max}$ 时,变频器能够输出的最大频率由 $f_{\max}$ 决定。

上限频率 f_h 是根据生产需要预置的最大运行频率,它并不与某个确定的给定信号 x 相对应。

当 $f_h < f_{\max}$ 时,变频器能够输出的最大频率由 f_h 决定,$f_{\max}$ 并不与 $x_{\max}$ 对应。

当 $f_h > f_{\max}$ 时,变频器能够输出的最大频率由 $f_{\max}$ 决定。

如图 3-47 所示,假设给定信号为 0 ~ 10 V 的电压信号,最大频率为 $f_{\max} = 50$ Hz,最大给定频率为 $f_{xm} = 52$ Hz,上限频率为 $f_h = 40$ Hz,则:

1)频率给定线的起点为(0,0),终点为(10,52);

2)在频率较小(< 40 Hz)的情况下,频率 f_x 与给定信号 x 间的对应关系由频率给定线决定,如 $x = 5$ V,则 $f_{\max} = 26$ Hz;

3)变频器实际输出的最大频率为 40 Hz,在这里与上限频率(40 Hz)对应的给定信号 x_h 为多大并不重要。

6. 变频器与 PC 的通信

随着变频器技术的发展,越来越多的场合需要对变频器进行网络通信和监控,即通过微机的控制软件调整各个变频器的运行状态,并能按一定的控制算法形成闭环控制,使系统稳定运行在较理想的状态,从而实现传动系统对电动机转速的协调联动和高速、高精度的要求。为满足应用的需要,许多变频器都带有现场总线接口,从而具有通信功能。由于 RS - 485 网络具有设备简单、便于实现远距离传输和维护方便等优点而被许多变频器厂家所采用。

以森兰 SB70 系列变频器为例加以具体说明。

(1)计算机与变频器的通信连接

计算机通常只配置 RS - 232 串口,而 RS - 232 传输距离只有几十米,无法满足用户对现场控制的要求,因此就需要配置一个 RS - 232/RS - 485 转换器,采用半双工 RS - 485 的串行通信方式,这样就可以使传输距离达到 1 km 以上。图 3-49 所示为计算机与变频器硬件连接框图。

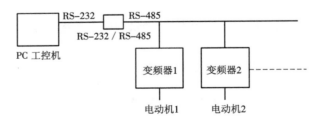

图 3-49 计算机与变频器硬件连接框图

（2）SB70 变频器的通信协议

SB70 变频器使用的是 RS－485 Modbus 协议,该协议包含三个层次:物理层、数据链路层和应用层。物理层和数据链路层采取了基于 RS－485 Modbus 协议的接口方式,应用层控制变频器运行、停止、参数读写等操作。

Modbus 协议为主从式协议。主机和从机之间的通信有两类:主机请求,从机应答;主机广播,从机不应答。任何时候总线上只能有一个设备在进行发送,主机对从机进行轮询。从机在未获得主机的命令情况下不能发送报文。主机在通信不正确时可重复发命令,如果在给定的时间内没有收到响应,则认为所轮询的从机丢失。如果从机不能执行某一报文,则向主机发送一个异常信息。

SB70 还具有兼容 USS 指令方式,它是为兼容支持 USS 协议的上位机指令而设计的,可以通过支持 USS 协议的上位机软件(包括 PC、PLC 以及其他上位机软件)控制 SB70 系列变频器的运行,设定变频器的给定频率,读取变频器的运行状态参数,变频器的运行频率以及变频器输出电流、输出电压、直流母线电压。

（3）变频器的数据格式

SB70 变频器使用的数据格式有:

1）1 个起始位,8 个数据位,无奇偶校验,1 个停止位;

2）1 个起始位,8 个数据位,偶校验,1 个停止位;

3）1 个起始位,8 个数据位,奇校验,1 个停止位;

4）1 个起始位,8 个数据位,无奇偶校验,2 个停止位。

默认为 1 个起始位,8 个数据位,无奇偶校验,1 个停止位。

（4）变频器的波特率

SB70 变频器使用的波特率有:1 200 bit/s、2 400 bit/s、4 800 bit/s、9 600 bit/s、19 200 bit/s、38 400 bit/s、57 600 bit/s、115 200 bit/s、250 000 bit/s、500 000 bit/s,默认值为 9 600 bit/s。

（5）变频器参数编址

变频器参数编址方法:16 位的 Modbus 参数地址的高 8 位是参数的组号,低 8 位是参数的组内序号,按 16 进制编址。例如参数 F4－17 的地址为 0411H。对于通信变量(控制字、状态字等),参数组号为 50(32 Hz)。

说明:通信变量包括通信可以访问的变频器参数、通信专用指令变量、通信专用状态变量。菜单代号对应的通信用参数组号见表 3-5。

表 3-5　菜单代号对应的通信用参数组号

菜单代号	参数组号	菜单代号	参数组号	菜单代号	参数组号	菜单代号	参数组号
F0	0(00H)	F5	5(05H)	FA	10(0AH)	FF	15(0FH)
F1	1(01H)	F6	6(06H)	FB	11(0BH)	FN	16(10H)
F2	2(02H)	F7	7(07H)	FC	12(0CH)	FP	17(11H)
F3	3(03H)	F8	8(08H)	FD	11(0DH)	FU	18(12H)
F4	4(04H)	F9	9(09H)	FE	14(0EH)		

对变频器参数的写入只修改 RAM 中的值,如果要把 RAM 中的参数写入 EPROM,需要用通信把通信变量的"EEP 写入指令"(Modbus 地址为 3209H)改写为 1。

(6)通信中的数据类型

通信中传输的数据为 16 位整数,最小单位可从参数一览表中参数的小数点位置看出。例如对于 F0 – 00"数字给定频率"的最小单位为 0.01 Hz,因此对 Modbus 协议而言,通信传输 5 000 就代表 50.00 Hz。

知识总结

变频器系统包括变频器、电动机和负载等。学完本章后,应当具备以下知识和技能。

1)了解变频器的结构和性能。

2)能对变频器的功能参数进行正确的设置。

3)能根据负载的工作要求选择电动机和变频器的型号。

4)能合理选择系统中的主要电器,如断路器、接触器、继电器和开关器件。

5)会设计变频器系统的正转、反转、正反转、工频 – 变频切换的控制电路。

6)会使用 PLC 对变频器系统进行功能扩展设计。

7)能够进行变频器与 PC 的通信。

项目4 控制电机及其应用

项目导读

在科学技术高速发展的今天,各行各业对设备的自动化程度要求越来越高,对设备的运动状态、运动位置等都有很高的控制要求。

控制电机即能满足这些控制要求的主要驱动电机,是构成开环控制、闭环控制、同步连接和机电模拟解算装置等系统的基础元件,广泛应用于各个部门,如化工、炼油、钢铁、造船、原子能反应堆、数控机床、自动化仪表和仪器、电影、电视、电子计算机外设等民用设备,或雷达天线自动定位、飞机自动驾驶仪、导航仪、激光和红外线技术、导弹和火箭的制导、自动火炮射击控制、舰艇驾驶盘和方向盘的控制等军事设备。

项目知识目标

掌握步进电机的结构及工作原理。

掌握交流伺服电机的基本工作特性。

掌握步进电机的应用及基本控制环节。

掌握交流伺服电机在数控机床上的应用及控制。

项目能力目标

能根据要求选择合理的控制电机。

能根据设备基本控制要求,设计合理的控制电机驱动系统。

任务1 步进电机

任务描述

现有一台自动生产线设备,其中输送单元的机械手专门为其他四个单元传送工件,因此输送单元在其他四个单元之间的运动控制是问题的关键。需要设计机械手的运动控制系统,使其实现精确的运动定位控制。

任务分析

自动生产线中其他四个单元位置固定,输送单元机械手安装在可沿着导轨直线运动的工作台上,工作台在导轨上的运动由步进电机驱动,而步进电机由PLC发送运动指令。

知识储备

子任务 1 认知步进电机

步进电动机是一种用电脉冲信号进行控制,并将电脉冲信号转换成相应的角位移或线位移的控制电机,说得通俗一点,就是给一个脉冲信号,电动机就转动一个角度或前进一步。因此,这种电动机也称为脉冲电动机。

1.三相单三拍

定子有六个磁极,每两个相对的磁极绕有一相控制绕组,转子只有四个齿,齿宽等于定子极靴宽,上面没有绕组。

"单"是指每次只有一相控制绕组通电,"三拍"是指三次切换通电状况为一个循环,步进电动机每拍转子所转过的角位移称为步距角。三相单三拍通电方式时,步距角为30°。

如图4-1(a)所示,当U相控制绕组通电,而V相、W相都不通电时,由于磁通具有力图走磁阻最小路径的特点,所以转子齿1和3的轴线与定子U极轴线对齐。

如图4-1(b)所示,当U相断电、V相通电时,转子便逆时针方向转过30°,使转子齿2和4的轴线与定子V极轴线对齐。

如图4-1(c)所示,当V相断电、W相通电时,转子再逆时针方向转过30°,使转子齿1和3的轴线与W极轴线对齐。

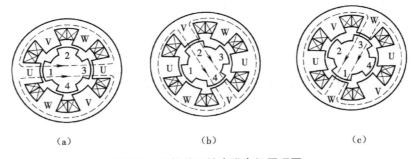

(a)   (b)   (c)

图4-1 三相单三拍步进电机原理图

(a)U相控制绕组通电;(b)V相控制绕组通电;(c)W相控制绕组通电

如此按 U—V—W—U…顺序不断接通和断开控制绕组,转子就会一步一步地按逆时针方向转动。

步进电动机转速取决于控制绕组通电和断电的频率(即输入的脉冲频率),旋转方向取决于控制绕组轮流通电的顺序,若步进电动机通电次序改为 U—W—V—U…则步进电动机反向转动。

2.单、双六拍

如图4-2(a)所示,当U相控制绕组通电时,与单三拍运行的情况相同,转子齿1和3的轴线与定子U极轴线对齐。

如图4-2(b)所示,当U、V相控制绕组同时接通时,转子的位置应兼顾到使U、V两对磁极所形成的两路磁通,在气隙中所遇到的磁阻同样程度地达到最小。这时相邻两个U、V磁极与转子齿相作用的磁拉力大小相等且方向相反,使转子处于平衡。这样,当U相通电转到 U、V 两相通电时,转子只能逆时针方向转过 15°。

如图 4-2(c)所示,当断开 U 相使 V 相单独接通时,在磁拉力作用下,转子继续逆时针方向转动,直到转子齿 2 和 4 的轴线与定子 V 极轴线对齐为止,这时转子又转过 15°。

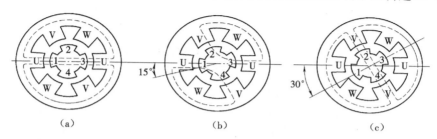

图 4-2 单、双六拍原理图

(a)U 相控制绕组通电;(b)U、V 相控制绕组通电;(c)V 相控制绕组通电

如通电顺序改为 U—UW—W—WV—V—VU—U 时,电动机将按顺时针方向转动。

对这种通电方式,定子三相控制绕组需经过六次换接才能完成一个循环,故称为"六拍"。同时这种通电方式,有时是单个控制绕组接通,有时又是两个控制绕组同时接通,因此称为单、双六拍。

采用单、双拍通电方式时,步距角要比单拍通电方式减小一半(即 15°)。

3. 典型结构

在图 4-3(a)中,三相反应式步进电动机定子上有六个极,上面装有控制绕组连成的 U、V、W 三相。转子圆周上均匀分布若干个小齿,定子每个磁极靴上也有若干个小齿。

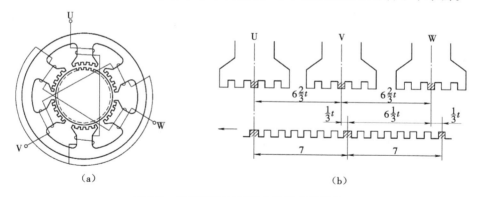

图 4-3 三相反应式步进电动机典型结构

(a)三相反应式步进电动机定子;(b)展开图

例如转子齿数 $z_r = 40$,相数 $m = 3$,一相绕组通电时,在气隙圆周上形成的磁极数 $2p = 2$,三相单三拍运行如下。

每一齿距的空间角

$$\theta_z = \frac{360°}{z_r} = 9°$$

每一极距的空间角

$$\theta_\tau = \frac{360°}{2pm} = 60°$$

每一极距所占的齿数

$$\frac{z_r}{2pm} = 6\frac{2}{3}$$

由于每一极距所占的齿数不是整数,当 U-U′ 极下的定、转子齿对齐时,V-V′ 极的定子齿和转子齿必然错开 1/3 齿距,即为 3°,如图 4-3(b)所示的展开图。若断开 U 相控制绕组而接通 V 相控制绕组,这时步进电动机中产生沿 V-V′ 极轴线方向的磁场,因磁通力图走磁阻最小路径闭合,就使转子受到同步转矩的作用而转动,转子按逆时针方向转动 1/3 齿距(3°),直到使 V-V′ 极下的定子齿和转子齿对齐。相应地 U-U′ 极和 W-W′ 极下的定子齿又分别与转子齿错开 1/3 齿距。按此顺序连续不断地通电,转子便连续不断地一步一步转动。

若采用三相单、双六拍通电方式运行,即按 U—UV—V—VW—W—WU—U 顺序循环通电,同样步距角也要减少一半,即每一脉冲时转子仅转动 1.5°。

如果脉冲频率很高,步进电动机控制绕组中送入的是连续脉冲,各相绕组不断地轮流通电,步进电动机不是一步一步地转动,而是连续不断地转动,它的转速与脉冲频率成正比。

每分钟转子所转过的圆周数即转速为

$$n = \frac{60f}{z_r N}$$

子任务 2　步进电机的运动特性

1. 静态运行状态

步进电动机不改变通电的状态称为静态运行状态。静态运行状态下步进电动机的转矩与转角特性 $T = f(\theta)$,简称矩角特性,是步进电动机的基本特性。

步进电动机的转矩就是同步转矩 T(即电磁转矩),转角就是通电相的定、转子齿中心线间用电角度表示的夹角 θ,如图 4-4 所示。可见转矩 T 随转角 θ 作周期变化,变化周期是一个齿距,即 2π 电弧度。

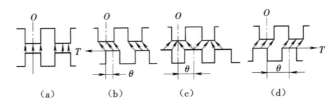

$$(a)\qquad(b)\qquad(c)\qquad(d)$$

图 4-4　步进电机的转角

实践经验证明:反应式步进电动机的转角特性接近正弦曲线,图 4-5 所示为反应式步进电动机的矩角特性。

在 $\theta = 0$ 处,转子处于稳定平衡位置,即通电相定、转子齿对齐位置。因为当转子处于这个位置时,如有外力使转子齿偏离这个位置,只要偏离角在 $0° < \theta < 180°$ 的范围内,除去外力,转子能自动地重新回到原来位置。

$\theta = \pm\pi$ 这个位置是不稳定的,两个不稳定点之间的区域构成静态稳定区,如图 4-6 所示。

电磁转矩的最大值称为最大静态转矩 T_{max},它表示步进电动机承受负载的能力,是步进

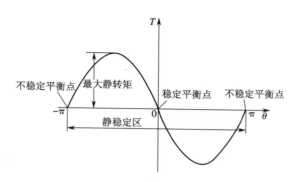

图4-5 反应式步进电动机的矩角特性

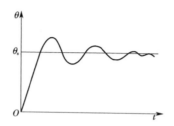

图4-6 步进电机静态稳定区

电动机最主要的性能指标之一。

2. 步进运行状态

步进电动机的步进运行状态与控制脉冲的频率有关。当步进电动机在极低的频率下运行时,后一个脉冲到来之前,转子已完成一步,并且运动已基本停止,这时电动机的运行状态由一个个单步运行状态所组成。步进电动机的单步运行状态为一振荡过程。

步进电动机在连续运行状态时产生的转矩称为动态转矩。步进电动机的最大动态转矩将小于最大静态转矩,并随着脉冲频率的升高而降低。频率很高,周期很短,电流来不及增长,显然动态转矩也减小了。

步进电动机的动态转矩与频率的关系,即所谓的矩频特性,是一条下降的曲线,如图4-7所示,这也是步进电动机重要特性之一。

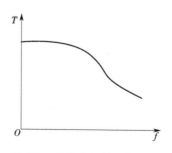

图4-7 步进电机的矩频特性

3. 驱动电源

步进电动机是由专用的驱动电源来供电的,驱动电源和步进电动机是一个有机的整体。

步进电动机的驱动电源基本上包括变频信号源、脉冲分配器和脉冲放大器三个部分,如图 4-8 所示。

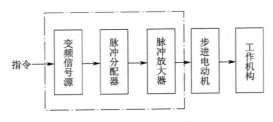

图 4-8　驱动电源组成

子任务 3　任务解决方案

1.3.1　步进电机及其驱动器的选择

输送单元所选用的步进电机是 Kinco 三相步进电机 3S57Q – 04056,与之配套的驱动器为 Kinco 3M458 三相步进电机驱动器。

1. 3S57Q – 04056 部分技术参数

3S57Q – 04056 部分技术参数如表 4-1 所示。

表 4-1　3S57Q – 04056 部分技术参数

参数名称	步距角	相电流	保持扭矩	阻尼扭矩	电机惯量
参数值	1.8°	5.8A	1.0 N·m	0.04 N·m	0.3 kg·cm²

3S57Q – 04056 的三个相绕组必须连接成三角形,接线图如图 4-9 所示。

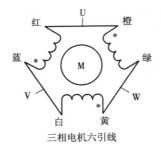

线色	电机信号
红色	U
橙色	
蓝色	V
白色	
黄色	W
绿色	

三相电机六引线

图 4-9　3S57Q – 04056 的接线

2. Kinco 3M458 三相步进电机驱动器

Kinco 3M458 三相步进电机驱动器主要电气参数如下。

1)供电电压:直流 24 ~ 40 V。

2)输出相电流:3.0 ~ 5.8 A。

3)控制信号输入电流:6 ~ 20 mA。

4)冷却方式:自然风冷。

该驱动器具有如下特点。

1）采用交流伺服驱动原理，具备交流伺服运转特性，三相正弦电流输出。

2）内部驱动直流电压达 40 V，能提供更好的高速性能。

3）具有电机静态锁紧状态下的自动半流功能，可大大降低电机的发热。

4）具有最高可达 10 000 步/转的细分功能，细分可以通过拨动开关设定。

5）几乎无步进电机常见的共振和爬行区，输出相电流通过拨动开关设定。

6）控制信号的输入电路采用光耦隔离。

7）采用正弦的电流驱动，使电机的空载起跳频率达 5 kHz（1 000 步/转）左右。

在 Kinco 3M458 驱动器的侧面连接端子中间有一个红色的八位 DIP 功能设定开关，可以用来设定驱动器的工作方式和工作参数。图 4-10 所示是该 DIP 开关功能说明。

DIP开关的正视图

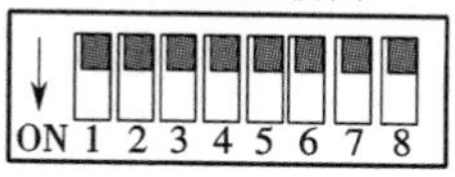

ON 1 2 3 4 5 6 7 8

开关序号	ON功能	OFF功能
DIP1~DIP3	细分设置用	细分设置用
DIP4	静态电流全流	静态电流半流
DIP5~DIP8	电流设置用	电流设置用

细分设定表如下：

DIP1	DIP2	DIP3	细分
ON	ON	ON	400步/转
ON	ON	OFF	500步/转
ON	OFF	ON	600步/转
ON	OFF	OFF	1 000步/转
OFF	ON	ON	2 000步/转
OFF	ON	OFF	4 000步/转
OFF	OFF	ON	5 000步/转
OFF	OFF	OFF	10 000步/转

输出相电流设定表如下：

DIP5	DIP6	DIP7	DIP8	输出电流
OFF	OFF	OFF	OFF	3.0 A
OFF	OFF	OFF	ON	4.0 A
OFF	OFF	ON	ON	4.6 A
OFF	ON	ON	ON	5.2 A
ON	ON	ON	ON	5.8 A

图 4-10　3M458 DIP 开关功能说明

3M458 驱动器的典型接线图如图 4-11 所示，YL－335A 中，控制信号输入端使用的是 DC24V 电压，所使用的限流电阻 R_1 为 2kΩ。图中驱动器还有一对脱机信号输入线 FREE＋和 FREE－，当这一信号为 ON 时，驱动器将断开输入到步进电机的电源回路。YL－335A 没有使用这一信号，目的是使步进电机在上电后，即使静止时也保持自动半流的锁紧状态。

YL－335A 为 3M458 驱动器提供的外部直流电源为 DC24V，6A 输出的开关稳压电源，直流电源和驱动器一起安装在模块盒中，驱动器的引出线均通过安全插孔与其他设备连接。图 4-12 所示是 3M458 步进电机驱动器模块的面板图。

3. 步进电机传动组件的基本技术数据

3S57Q－04056 步进电机步距角为 1.8°，即在无细分的条件下 200 个脉冲使电机转一圈（通过驱动器设置细分精度最高可以达到 10 000 个脉冲使电机转一圈）。

步进电机传动组件采用同步轮和同步带传动，同步轮齿距为 5 mm，共 11 个齿，即旋转一周机械手装置位移 55 mm。

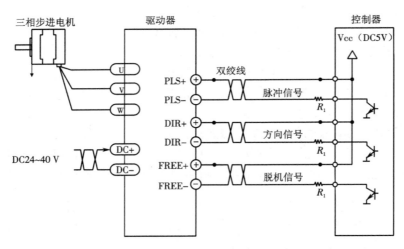

图 4-11 3M458 的典型接线图

图 4-12 3M458 步进电机驱动器模块的面板

YL-335A 系统中为达到控制精度,驱动器细分设置为 10 000 步/转(即每步机械手位移 0.005 5 mm),电机驱动电流设为 5.2 A。

1.3.2 S7-200PLC 运动控制功能

1. S7-200PLC 的脉冲输出功能

S7-200 有两个内置 PTO/PWM 发生器,用以建立高速脉冲串(PTO)或脉宽调节(PWM)信号波形。一个发生器指定给数字输出点 Q0.0,另一个发生器指定给数字输出点 Q0.1。

当组态一个输出为 PTO 操作时,生成一个 50% 占空比脉冲串用于步进电机或伺服电机的速度和位置的开环控制。内置 PTO 功能提供了脉冲串输出,脉冲周期和数量可由用户控制。但应用程序必须通过 PLC 内置 I/O 提供方向和限位控制。

为了简化用户应用程序中位控功能的使用,STEP7 – Micro/WIN 提供的位控向导可以帮助您在几分钟内全部完成 PWM、PTO 或位控模块的组态。向导可以生成位置指令,您可以用这些指令在您的应用程序中为速度和位置提供动态控制。

借助位控向导组态 PTO 输出时,需要用户提供一些基本信息,逐项介绍如下。

(1)最大速度(MAX＿SPEED)和启动/停止速度(SS＿SPEED)

图 4-13 所示是最大速度和启动/停止速度两个概念的示意图。

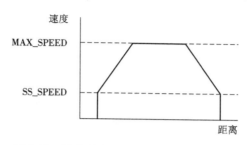

图 4-13　最大速度和启动/停止速度示意图

MAX＿SPEED:允许的操作速度的最大值,它应在电机力矩能力的范围内。驱动负载所需的力矩由摩擦力、惯性以及加速/减速时间决定。

SS＿SPEED:该数值应满足电机在低速时驱动负载的能力。如果 SS＿SPEED 的数值过低,电机和负载在运动的开始和结束时可能会摇摆或颤动。如果 SS＿SPEED 的数值过高,电机会在启动时丢失脉冲,并且负载在试图停止时会使电机超速。通常,SS＿SPEED 值是 MAX＿SPEED 值的 5% ~ 15%。

(2)加速和减速时间

加速时间(ACCEL＿TIME):电机从 SS＿SPEED 速度加速到 MAX＿SPEED 速度所需要的时间。

减速时间(DECEL＿TIME):电机从 MAX＿SPEED 速度减速到 SS＿SPEED 速度所需要的时间。

加速时间和减速时间的缺省设置都是 1 000 ms。通常,电机可在小于 1 000 ms 的时间内工作。参见图 4-14,这 2 个值设定时要以毫秒为单位。

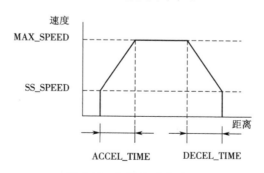

图 4-14　加速和减速时间

注意:电机的加速和减速时间要通过测试来确定。开始时,您应输入一个较大的值,逐渐减少这个时间值直至电机开始减速,从而优化您应用中的这些设置。

（3）移动包络

一个包络是一个预先定义的移动描述，它包括一个或多个速度，影响着从起点到终点的移动。一个包络由多段组成，每段包含一个达到目标速度的加速/减速过程和以目标速度匀速运行的一串固定数量的脉冲。

PTO 支持相对位置和单一速度的连续转动，如图 4-15 所示，相对位置模式指的是运动的终点位置是从起点侧开始计算的脉冲数量。单速连续转动则不需要提供终点位置，PTO一直持续输出脉冲，直至有其他命令发出，例如到达原点要求停发脉冲。

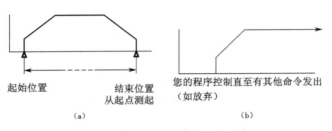

图 4-15　一个包络的操作模式

（a）相对位置模式；（b）单速连续转动

2. 运动包络的子程序

运动包络组态完成后，向导会为所选的配置生成三个项目组件（子程序），分别是 PTOx _ RUN 子程序（运行包络）、PTOx _ CTRL 子程序（控制）和 PTOx _ MAN 子程序（手动模式）。一个由向导产生的子程序就可以在程序中调用，如图 4-16 所示。

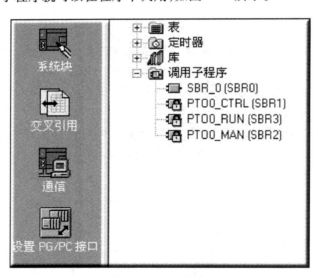

图 4-16　调试程序

它们的功能分述如下。

1）PTOx _ RUN 子程序（运行包络）：命令 PLC 执行存储于配置/包络表的特定包络中的运动操作，如图 4-17 所示。

①EN 位：启用此子程序的使能位。在"完成"位发出子程序执行已经完成的信号前，请

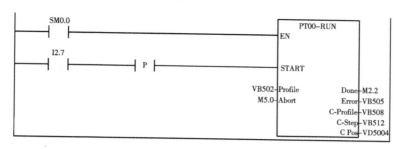

图 4-17　PTOx ＿ RUN 子程序

确定 EN 位保持开启。

②START 参数：包络的执行的启动信号。对于在 START 参数已开启且 PTO 当前不活动时的每次扫描，此子程序会激活 PTO。为了确保仅发送一个命令，请使用上升缘以脉冲方式开启 START 参数。

③Profile（包络）参数：包含为此运动包络指定的编号或符号名。

④Abort（终止）参数：开启时位控模块停止当前包络并减速至电机停止。

⑤Done（完成）参数：当模块完成本子程序时，Done 参数 ON。

⑥Error（错误）参数：包含本子程序的结果。

⑦C ＿ Profile 参数：包含位控模块当前执行的包络。

⑧C ＿ Step 参数：包含目前正在执行的包络步骤。

2）PTOx ＿ CTRL 子程序（控制）：启用和初始化与步进电机或伺服电机合用的 PTO 输出，如图 4-18 所示。请在用户程序中只使用一次，并且请确定在每次扫描时得到执行，即始终使用 SM0.0 作为 EN 的输入。

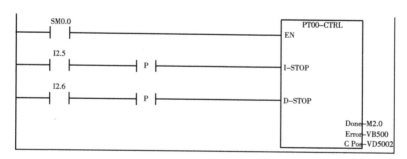

图 4-18　PTOx ＿ CTRL 子程序

①I ＿ STOP（立即停止）输入：开关量输入。当此输入为低时，PTO 功能会正常工作；当此输入变为高时，PTO 立即终止脉冲的发出。

②D ＿ STOP（减速停止）输入：开关量输入。当此输入为低时，PTO 功能会正常工作；当此输入变为高时，PTO 会产生将电机减速至停止的脉冲串。

③"Done"输出：开关量输出。当"Done"位被设置为高时，它表明上一个指令也已执行。

④Error（错误）参数：包含本子程序的结果。当"Done"位为高时，错误字节会报告无错误或有错误代码的正常完成。

⑤如果 PTO 向导的 HSC 计数器功能已启用，C ＿ Pos 参数包含用脉冲数目表示的模块；

否则此数值始终为零。

3)PTOx_MAN 子程序(手动模式):将 PTO 输出置于手动模式,如图 4-19 所示。这允许电机启动、停止和按不同的速度运行。当 PTOx_MAN 子程序启用时,任何其他 PTO 子程序都无法执行。

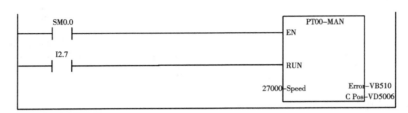

图 4-19　PTOx_MAN 子程序

①RUN(运行/停止)参数:命令 PTO 加速至指定速度(Speed(速度)参数)。您可以在电机运行中更改 Speed 参数的数值,停用 RUN 参数命令 PTO 减速至电机停止。

②当 RUN 已启用时,Speed 参数确定着速度。速度是一个用每秒脉冲数计算的 DINT(双整数)值,您可以在电机运行中更改此参数。

③Error(错误)参数:包含本子程序的结果。

如果 PTO 向导的 HSC 计数器功能已启用,C Pos 参数包含用脉冲数目表示的模块;否则此数值始终为零。

任务 2　伺服电机及应用

任务描述

现有一台数控车床 CAK6136,要求其加工精度等级达 IT6 以上、圆弧表面结构达到 $Ra0.8\ \mu m$,并且进给控制系统能实现闭环控制,设计这一数控机床的进给控制系统,选择合理的驱动电机并设计驱动系统。

任务分析

数控机床伺服系统是连接数控系统和数控机床的关键部分,它接收来自数控系统的指令,经过放大和转换,驱动数控机床的执行件(工作台或刀架)实现预期的运动,并将运动结果反馈回去与输入指令相比较,直至与输入指令之差为零,机床精确地运动到所要求的位置。伺服系统的性能直接关系到数控机床执行元件的静态和动态、工作精度、负载能力、响应速度等。所以,至今伺服系统还被看作是一个独立的部分,与数控系统和机床本体并列为数控机床的三大组成部分。目前在数控机床上,中高档数控机床几乎都采用直流伺服电机、交流伺服电机。全数字交流伺服驱动系统已得到广泛应用。

知识储备

子任务 1　认知伺服电机

伺服电动机也称执行电动机,在自动控制中作为执行元件,把输入的电压信号变换成转轴的角位移或角速度输出。

2.1.1　直流伺服电动机

1. 结构和分类

直流伺服电动机实质上就是一台他励式直流电动机,按结构可分为传统型和低惯量型两大类。

(1)传统型直流伺服电动机

这种电动机的结构和普通直流伺服电动机基本相同,也是由定子和转子两大部分组成。

(2)低惯量型直流伺服电动机

这种电动机一般有杯形电枢、圆盘电枢、无槽电枢等结构形式。低惯量型直流伺服电动机的特点是转子轻、转动惯量小、响应快速。

2. 控制方式

把电枢电压作为控制信号,对电动机的转速进行控制,这种控制方式称为电枢控制式,电枢绕组称为控制绕组,电枢电压称为控制电压。

直流伺服电动机也可以采用磁场控制方式,即磁极绕组作为控制绕组,接受控制电压,而加在电枢绕组上的电压恒定。

电枢控制较磁场控制具有较多的优点,因此自动控制系统中大多采用电枢控制,磁场控制只用于小功率电动机中。

3. 运行特性

由直流电动机可得

$$U_K = C_e\Phi + I_a R_a$$
$$E_a = C_e\Phi = K_e n$$
$$T = C_T\Phi I_a = K_T I_a$$

由以上三式可得直流伺服电动机的转速公式:

$$n = \frac{U_K}{K_e} - \frac{R_a}{K_e K_T}T$$

(1)机械特性

机械特性是指控制电压恒定时,电动机的转速与电磁转矩的关系。

由转速公式或机械特性都可以看出,随着控制电压 U_K 增大,电动机的机械特性曲线平行地向转速和转矩增加的方向移动,但是它的斜率保持不变,所以电枢控制时直流伺服电动机的机械特性是一组平行的直线。

(2)调节特性

调节特性是指电磁转矩恒定时,电动机的转速与控制电压的关系。

从图 4-20 中看出这些调节特性曲线与横轴的交点,表示在一定负载转矩时电动机的始动电压,若负载转矩一定时,电动机的控制电压大于相对应的始动电压,它便能转动起来并达到某一转速;反之,控制电压小于相对应的始动电压,由于电动机的最大电磁转矩小于负载转矩,它就不能启动。

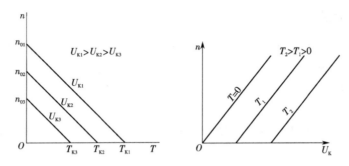

图 4-20　直流伺服电机特性

调节特性曲线的横坐标从零到始动电压的这一范围称为在一定负载转矩时直流伺服电动机的失灵区,显然失灵区的大小是与负载转矩成正比的。

以上特性曲线是在两个假设的前提下得到的,实际的直流伺服电动机的特性曲线只是一组接近直线的曲线。

(3)动态特性

电枢控制时直流伺服电动机的动态特性是指电动机的电枢上外施阶跃电压时,电动机转速从零开始的增长过程,即 $n = f(t)$ 或 $w = f(t)$。

可见为了减小机械时间常数,应当选择转子结构,以减小转子的转动惯量。此外,还可以改进电动机结构设计,采用更好的硬磁性材料,提高气隙磁通密度,减小电枢绕组电阻。

2.1.2　交流伺服电动机

1. 基本结构

交流伺服电动机在结构上为一台两相感应电动机,其定子两相绕组在空间相距 90° 电角度,它们可以有相同或不同的匝数,如图 4-21 所示。定子绕组的一相作为励磁绕组,运行时接到电压为 U_f 的交流电源上,另一相作为控制绕组,输入控制电压 U_K。电压 U_K 与 U_f 同频率,一般采用 50 Hz 或 400 Hz。

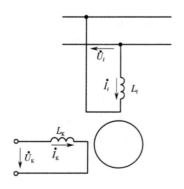

图 4-21　交流伺服电机原理

常用的转子结构有两种形式:一种为笼型转子,这种转子结构如同普通笼型感应电动机一样,但是为了减小转子的转动惯量而做得细而长;另一种为非磁性空心杯转子,这种结构电动机中除了与一般感应电动机一样的定子外,还有一个内定子。

2. 工作原理

若控制绕组无控制信号,只有励磁绕组中有励磁电流,则气隙中形成的是单相脉振磁动势,它可以分解为正、负序两个圆形旋转磁动势。它们大小相等、转速相同、转向相反。所建立的正序旋转磁场对转子起拖动作用,产生拖动转矩 T_+,负序旋转磁场对转子起制动作用,产生制动转矩 T_-,当电动机处于静止时,转率差 $s=1$,$T_+=T_-$,合成转矩 $T=0$,伺服电动机转子不会转动。

若控制绕组有信号电压,一般情况下,两相绕组中电流产生的磁动势 F_f 和 F'_f 是不对称的,则电动机内部便建立起椭圆形旋转磁场。一个椭圆形旋转磁场分解为两个速度相等、转向相反的圆形旋转磁场,但它们大小不等,因此转子上两个电磁转矩也大小不等、方向相反,合成转矩不为零,这样转子就不再保持静止状态,而随着正转磁场的方向转动起来。

两相交流伺服电动机在转子转动后,当控制信号电压 U_K 消失时,按照可控性的要求,伺服电动机应立即停转,但此时电动机内部建立的是单相脉振磁场,根据单相异步电动机工作原理,电动机将继续旋转,这种现象称为"自转"。

"自转"现象在自动控制系统中是不允许存在的,解决的办法是增大转子电阻。

一般的异步电动机,其机械特性如图4-22中曲线1所示,它的稳定运行区仅在转差率 s 从 $0 \sim s_m$ 这一区间,因 s_m 为 $0.1 \sim 0.2$,所以电动机的转速可调范围很小。

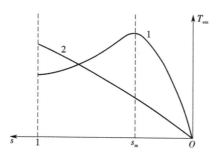

图4-22　交流伺服电机运行特性

如果增大转子电阻,使其产生最大转矩的转差率 $s_m \geqslant 1$,这样电动机的机械特性就如图4-22中曲线2所示,相应于电动机的转速由零到同步转速的全部范围内均能稳定运行。

由图中曲线可知,随着转子电阻增大,机械特性更接近线性关系。因此,为了使两相交流伺服电动机达到调速范围大和机械特性线性的要求,也必须使其转子具有足够大的电阻值。

3. 控制方式

(1)幅值控制

调节控制电压的大小来改变电动机的转速,而控制电压 U_K 与励磁电压 U_f 之间的相位角保持90°电角度,通常 U_K 滞后于 U_f。当控制电压 $U_K=0$ 时,电动机停转,即 $n=0$。

(2)相位控制

调节控制电压的相位(即调节控制电压与励磁电压之间的相位角 β)来改变电动机的转速,而控制电压的幅值保持不变,当 $\beta=0$ 时,电动机停转。

（3）幅值－相位控制（或称电容移相控制）

幅值－相位控制方式如图4-23所示。将励磁绕组上仍外施励磁电压 $U_f = U_1 - U_{Ca}$，控制绕组上仍外施控制电压 U_K，而 U_K 的相位始终与 U_1 同相。当调节控制电压 U_K 的幅值来改变电动机的转速时，使励磁绕组的电流 I_f 也发生变化，致使励磁绕组的电压 U_f 及电容 C 上的电压 U_{Ca} 也随之改变。这就是说，电压 U_K 和 U_f 的大小及它们之间的相位角 β 也都随之改变。所以这是一种幅值和相位的复合控制方式。若控制电压 $U_K = 0$，电动机就停转。

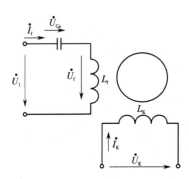

图 4-23　幅值－相位控制方式

这种控制方式是利用串联电容器来分相的，它不需要复杂的移相装置，所以设备简单、成本较低，成为最常用的一种控制方式。

4. 运行特性

（1）机械特性

机械特性是控制电压 U_K 不变时，电磁转矩与转速的关系。

图4-24中 m 为输出转矩对启动转矩的相对值，v 为转速对同步转速的相对值。从机械特性看出，不论哪种控制方式，控制电信号越小，机械特性就越下移，理想空载转速也随之减小。

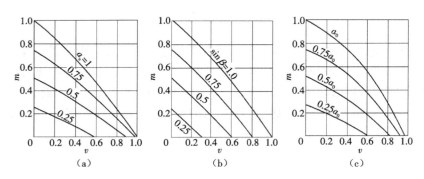

图 4-24　交流伺服电机机械特性曲线

（a）幅值控制；（b）相位控制；（c）幅值－相位控制

（2）调节特性

两相交流伺服电动机的调节特性是指电磁转矩不变时，转速与控制电压大小变化的关系。

由图 4-25 中看出,两相交流伺服电动机在三种不同控制方式下的调节特性都不是线性关系,只在转速标幺值较小和信号系数不大的范围内才接近于线性关系。相位控制时调节特性的线性度较好。

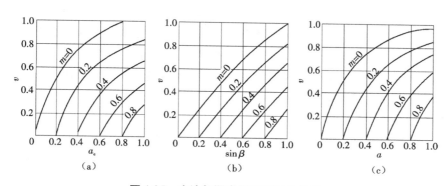

图 4-25　交流伺服电机调节特性曲线

(a)幅值控制;(b)相位控制;(c)幅值－相位控制

2.1.3　交、直流伺服电动机的性能比较

1. 机械特性

直流伺服电动机的机械特性是线性的,转矩随着转速的增加而均匀下降,在不同控制电压下影响很小。

交流伺服电动机的机械特性是非线性的,电容移相时机械特性非线性度更加严重,而且特性的斜率是随着控制电压的不同而变化的,机械特性很软,转矩的变化对转速的影响很大,特别低速段更是如此。机械特性软会削弱内阻能力(即阻尼系数减小)、增大时间常数,因而降低系统的品质,而机械特性斜率的变化,会给系统的稳定和校正带来困难。

2. 体积、质量和效率

为了满足控制系统对电动机的要求,交流伺服电动机转子电阻就得相当大,这样损耗就大、效率低、电动机利用程度差,而且电动机通常是运行在椭圆磁场的情况下,负序磁场产生的制动转矩使电动机的有效转矩减小。交流伺服电动机只适用于小功率系统,而对于功率较大的控制系统,则普遍采用直流伺服电动机。

3. "自转"现象

直流伺服电动机无"自转"现象,而交流伺服电动机若参数选择不适当,或制造工艺不良,在单相状态下会产生"自转"。

4. 结构

交流伺服电动机结构简单、运行可靠、维护方便,适宜在不易检修的场合使用。

直流伺服电动机由于有电刷和换向器,因而结构复杂、制造麻烦。电刷与换向器之间存在滑动接触,电刷的接触电阻也不稳定,这些都会影响到电动机的稳定运行。

5. 放大器装置

直流伺服电动机的控制绕组通常是由放大器供电,而直流放大器有零点漂移现象,这将影响到系统的工作精度和稳定性。

子任务2　伺服电机与步进电机的区别

步进电机是一种离散运动的装置,它和现代数字控制技术有着本质的联系。在目前国内的数字控制系统中,步进电机的应用十分广泛。随着全数字式交流伺服系统的出现,交流伺服电机也越来越多地应用于数字控制系统中。为了适应数字控制的发展趋势,运动控制系统中大多采用步进电机或全数字式交流伺服电机作为执行电动机。

虽然两者在控制方式上相似(脉冲串和方向信号),但在使用性能和应用场合上存在着较大的差异。现就两者的使用性能作以下比较。

1. 控制精度不同

两相混合式步进电机步距角一般为 3.6°、1.8°,五相混合式步进电机步距角一般为 0.72°、0.36°。也有一些高性能的步进电机步距角更小。如四通公司生产的一种用于慢走丝机床的步进电机,其步距角为 0.09°;德国百格拉公司(BERGER LAHR)生产的三相混合式步进电机其步距角可通过拨码开关设置为 1.8°、0.9°、0.72°、0.36°、0.18°、0.09°、0.072°、0.036°,兼容了两相和五相混合式步进电机的步距角。

交流伺服电机的控制精度由电机轴后端的旋转编码器保证。以松下全数字式交流伺服电机为例,对于带标准 2 500 线编码器的电机而言,由于驱动器内部采用了四倍频技术,其脉冲当量为 360°/10 000 = 0.036°;对于带 17 位编码器的电机而言,驱动器每接收 2^{17} = 131 072 个脉冲电机转一圈,即其脉冲当量为 360°/131 072 = 9.89″,是步距角为 1.8°的步进电机的脉冲当量的 1/655。

2. 低频特性不同

步进电机在低速时易出现低频振动现象。振动频率和负载情况与驱动器性能有关,一般认为振动频率为电机空载起跳频率的一半。这种由步进电机的工作原理所决定的低频振动现象对于机器的正常运转非常不利。当步进电机在低速工作时,一般应采用阻尼技术来克服低频振动现象,比如在电机上加阻尼器或驱动器上采用细分技术等。

交流伺服电机运转非常平稳,即使在低速时也不会出现振动现象。交流伺服系统具有共振抑制功能,可弥补机械的刚性不足,并且系统内部具有频率解析机能(FFT),可检测出机械的共振点,便于系统调整。

3. 矩频特性不同

步进电机的输出力矩随转速升高而下降,且在较高转速时会急剧下降,所以其最高工作转速一般在 300~600 r/min。

交流伺服电机为恒力矩输出,即在其额定转速(一般为 2 000 r/min 或 3 000 r/min)以内,都能输出额定转矩,在额定转速以上为恒功率输出。

4. 过载能力不同

步进电机一般不具有过载能力,交流伺服电机具有较强的过载能力。以松下交流伺服系统为例,它具有速度过载和转矩过载能力。其最大转矩为额定转矩的三倍,可用于克服惯性负载在启动瞬间的惯性力矩。步进电机因为没有这种过载能力,在选型时为了克服这种惯性力矩,往往需要选用较大转矩的电机,而机器在正常工作期间又不需要那么大的转矩,便出现了转矩浪费的现象。

5. 运行性能不同

步进电机的控制为开环控制,启动频率过高或负载过大易出现丢步或堵转的现象,停止时转速过高易出现过冲的现象,所以为保证其控制精度,应处理好升、降速问题。

交流伺服驱动系统为闭环控制,驱动器可直接对电机编码器反馈信号进行采样,内部构成位置环和速度环,一般不会出现步进电机的丢步或过冲的现象,控制性能更为可靠。

6. 速度响应性能不同

步进电机从静止加速到工作转速(一般为每分钟几百转)需要 200 ~ 400 ms。交流伺服系统的加速性能较好,以松下 MSMA 400 W 交流伺服电机为例,从静止加速到其额定转速 3 000 r/min 仅需几毫秒,可用于要求快速启停的控制场合。

子任务 3　伺服驱动器的应用

2. 3. 1　交流伺服驱动器技术基本介绍

1. 伺服进给系统的要求

1)调速范围宽。

2)定位精度高。

3)有足够的传动刚性和高的速度稳定性。

4)快速响应,无超调。为了保证生产率和加工质量,除了要求有较高的定位精度外,还要求有良好的快速响应特性,即要求对跟踪指令信号的响应要快,因为数控系统在启动、制动时,要求加、减速度足够大,缩短进给系统的过渡过程时间,减小轮廓过渡误差。

5)低速大转矩,过载能力强。一般来说,伺服驱动器具有数分钟甚至半小时内 1. 5 倍以上的过载能力,在短时间内可以过载 4 ~ 6 倍而不损坏。

6)可靠性高。要求数控机床的进给驱动系统可靠性高,工作稳定性好,具有较强的温度、湿度、振动等环境适应能力和很强的抗干扰的能力。

2. 对电机的要求

1)从最低速到最高速电机都能平稳运转,转矩波动要小,尤其在低速如 0. 1 r/min 或更低速时,仍有平稳的速度而无爬行现象。

2)电机应具有大的较长时间的过载能力,以满足低速大转矩的要求。一般直流伺服电机要求在数分钟内过载 4 ~ 6 倍而不损坏。

3)为了满足快速响应的要求,电机应有较小的转动惯量和大的堵转转矩,并具有尽可能小的时间常数和启动电压。

4)电机应能承受频繁启动、制动和反转。

2. 3. 2　伺服驱动器的原理

HSV – 20D 系统结构如图 4-26 所示。

1. 控制电路结构

1)DSP(DSP:ADMC401BST)是整个系统的核心,主要完成实时性要求较高的任务,如矢量控制、电流环、速度环、位置环控制以及 PWM 信号发生、各种故障保护处理等。

2)辅助控制:MCU(MCU:AT89S8252)完成实时性要求比较低的管理任务,如参数设定、按键处理、状态显示、串行通信等。

3)FPGA 实现 DSP 与 MCU 之间的数据交换、外部 I/O 信号处理、内部 I/O 信号处理、位

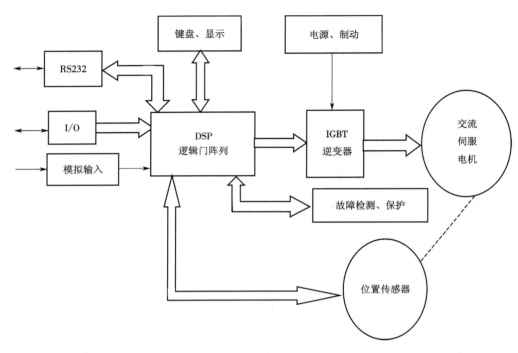

图 4-26　HSV－20D 系统结构

置脉冲指令处理、第二编码器计数等。

2. 功率电路结构

HSV－20P 电源模块结构图如图 4-27 所示,HSV－20D 交流伺服系统结构图如图 4-28 所示。

整流:三相整流桥。

逆变:智能功率模块。

电源:开关电源。

功率电路采用模块式设计,三相全桥整流部分和交－直－交电压源型逆变器通过公共直流母线连接。三相全桥整流部分由电源模块来实现,为避免上电时出现过大的瞬时电流以及电机制动时产生很高的泵升电压,设有软启动电路和能耗泄放电路。逆变器采用智能功率模块来实现。

3. 伺服驱动器的接线

(1)主回路接线

1)R、S、T 电源线的连接。

2)伺服驱动器 U、V、W 与伺服电动机电源线 U、V、W 之间的接线。

(2)控制电源类接线

1)r 、t 控制电源接线。

2)I/O 口控制电源接线。

3)I/O 接口与反馈检测类接线。

伺服驱动器的强电回路及反馈回路接线图如图 4-29 所示。

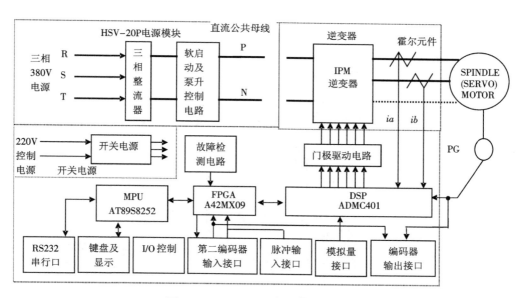

图 4-27 HSV-20P 电源模块结构图

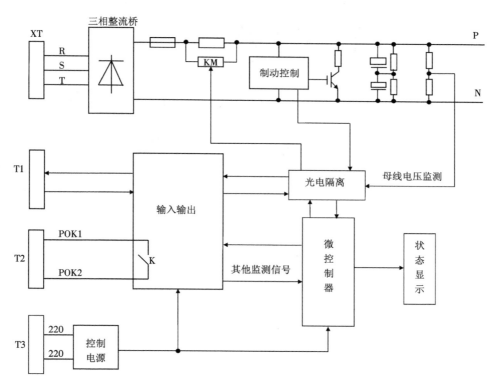

图 4-28 HSV-20D 交流伺服系统结构图

（3）HSV-20D（S）接线

1）位置控制方式标准接线图（图 4-30）。

2）速度控制方式标准接线图（图 4-31）。

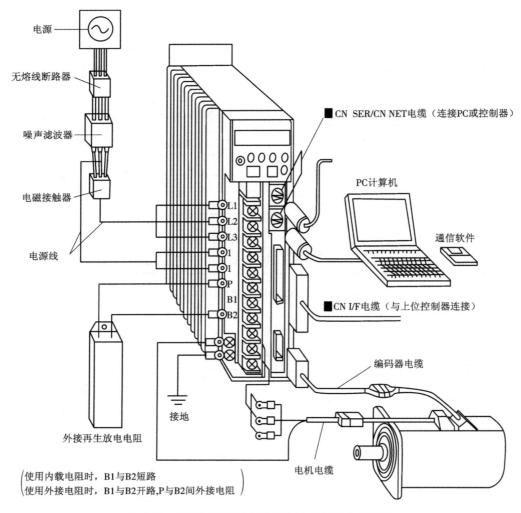

电源

无熔线断路器

噪声滤波器

电磁接触器

电源线

L1
L2
L3
1
1
P
B1
B2

■ CN SER/CN NET电缆（连接PC或控制器）

PC计算机

通信软件

■ CN I/F电缆（与上位控制器连接）

编码器电缆

接地

外接再生放电阻

电机电缆

（使用内载电阻时，B1与B2短路
使用外接电阻时，B1与B2开路，P与B2间外接电阻）

图 4-29　伺服驱动器的强电回路及反馈回路接线图

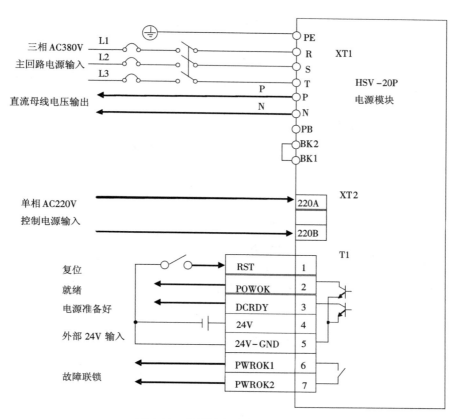

图 4-30　位置控制方式标准接线图

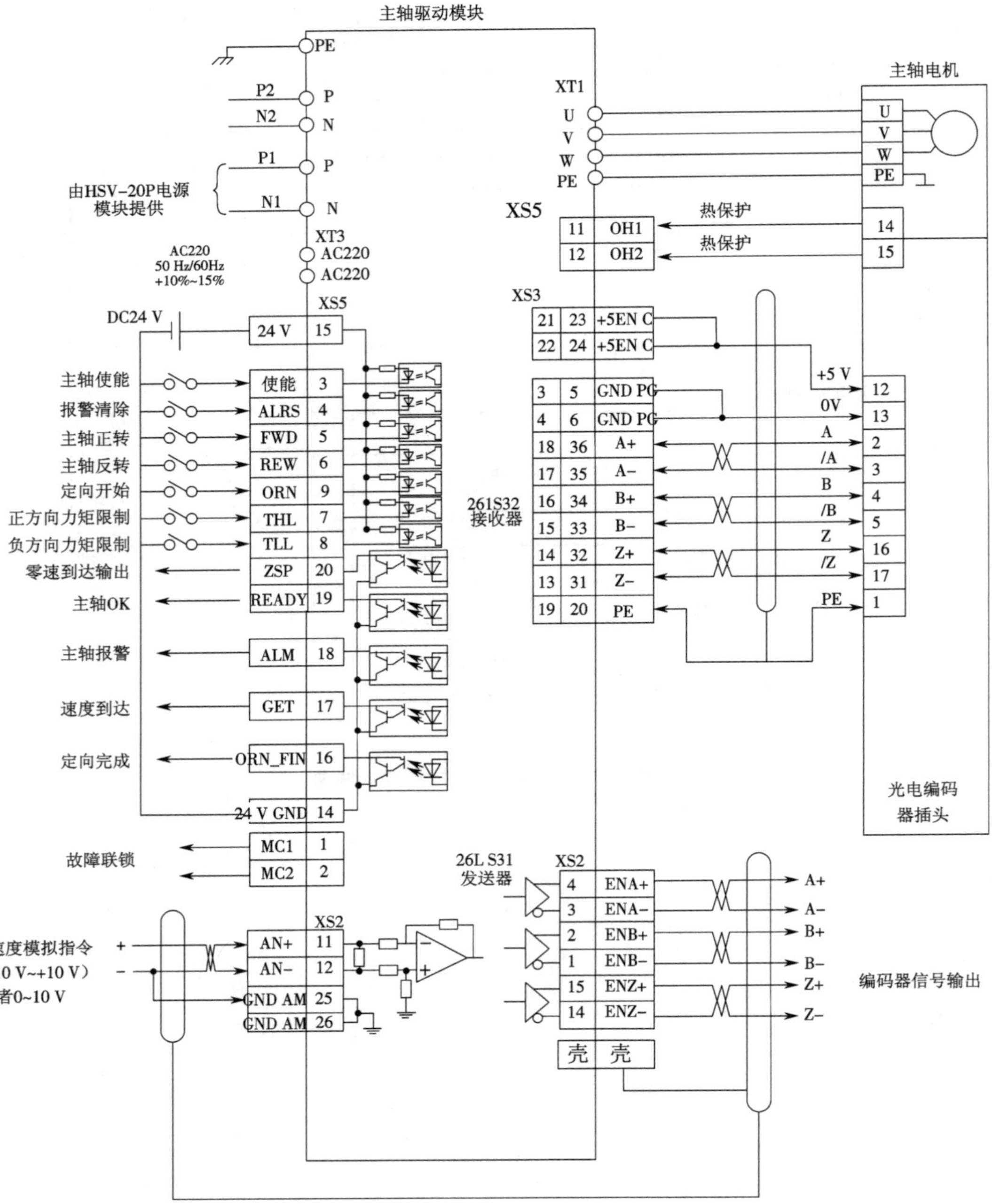

主轴驱动模块

主轴电机

由HSV-20P电源
模块提供

AC220
50 Hz/60Hz
+10%~15%

XT3	
AC220	
AC220	

DC24 V

XS5	
24 V	15

XT1		主轴电机
U		U
V		V
W		W
PE		PE

XS5

11	OH1	热保护	14
12	OH2	热保护	15

XS3

21	23	+5EN C
22	24	+5EN C

主轴使能	使能	3
报警清除	ALRS	4
主轴正转	FWD	5
主轴反转	REW	6
定向开始	ORN	9
正方向力矩限制	THL	7
负方向力矩限制	TLL	8
零速到达输出	ZSP	20
主轴OK	READY	19
主轴报警	ALM	18
速度到达	GET	17
定向完成	ORN_FIN	16
	24 V GND	14

261S32
接收器

3	5	GND PG
4	6	GND PG
18	36	A+
17	35	A-
16	34	B+
15	33	B-
14	32	Z+
13	31	Z-
19	20	PE

+5 V	12
0V	13
A	2
/A	3
B	4
/B	5
Z	16
/Z	17
PE	1

光电编码
器插头

MC1	1
MC2	2

故障联锁

26L S31
发送器

XS2	
4	ENA+
3	ENA-
2	ENB+
1	ENB-
15	ENZ+
14	ENZ-

| A+ |
| A- |
| B+ |
| B- |
| Z+ |
| Z- |

编码器信号输出

壳 壳

速度模拟指令
(-10 V~+10 V)
或者0~10 V

XS2	
AN+	11
AN-	12
GND AM	25
GND AM	26

图 4-31　速度控制方式标准接线图

154

子任务4　任务解决方案

2.3.1　交流伺服电机选型

伺服电机按照通常的区分划分为步进电机、直流有刷伺服电机、直流无刷伺服电机、交流伺服电机,随着科技的日益进步,许多特种伺服电机应运而生,比如压电陶瓷电机、直线电机以及音圈电机,在这里我们主要讲述通常意义下伺服电机的选择。

选择什么样的伺服电机,在很大程度上取决于负载的物理特性、负载的工作特性、系统要求以及工作环境。一旦系统要求确定后,无论选择何种形式的伺服电机,首先要考虑的是选择多大的电机合适,主要考虑负载的物理特性,包括负载扭矩、惯量等。在伺服电机中,通常以扭矩或者力来衡量电机大小,所以选电机首先要计算出折算到电机轴端负载扭矩或者力的大小。计算出扭矩以后需要留出一部分余量,一般选择电机连续扭矩大于或等于1.3倍负载扭矩,这样能保证电机可靠的运行。此外,还需要计算折算到轴端负载惯量的大小,一般选择负载惯量:电机转子惯量 <5:1,以保证伺服系统响应的快速性。如果出现电机和负载之间惯量、扭矩不匹配的情况,那么只能牺牲速度,在电机和负载间增加减速机,这时需要权衡。

选择出用多大扭矩的电机后,接下来需要做的是了解负载的工作特性和工作环境。负载的工作特性包括如负载是高速还是低速运行,加速度需要达到多少,是否需要频繁启停,频率需要达到多少,系统运行精度等。这时选择伺服电机也并没有什么特定的规律可循,关键的是所选择的电机必须适应负载运动的工作要求。比如在系统精度要求不高、运动速度在每分钟几百转以下(不超过 500 r/min)但不至于过低(大于 1 r/min),不需要频繁启停的情况下,步进电机是一种很好的选择。这是因为步进电机为开环控制,控制精度低,速度太高,电机扭矩会下降得很快,将带不动负载;速度过低,会出现转动不连续的爬行现象,而且步进电机的响应也不快,不适合频繁启动的应用场合。当运动速度每分钟几转到 3 000 多转时,控制精度相对要求较高,可以选择直流或者交流伺服电机。一般情况下,交流伺服电机低速特性不如直流伺服电机,如果负载工作于较低速,建议选择直流伺服电机。

而有刷直流电机由于存在电刷换向器,会有换向环火产生,在真空、防爆、水下等场合是不能使用的,并且由于环火使电机轴膨胀以及传导给连接部件,在系统精度要求高的场合也不能使用。现在工业应用中广泛应用的交流伺服电机为交流永磁同步电机,由于其在额定转速以下呈现的恒扭矩特性,所以多用于负载扭矩恒定或者变化不大的场合,比如机床进给系统。

选择是相对的,同一种应用,可以用交流也可以用直流,有时取决于环境,比如有的机器人项目,交流电源相对而言比较难得到,那就只能用直流伺服电机了。还有许多特殊应用场合,常规意义的伺服电机是很难完成任务的,比如超低速平稳运行,有的甚至低到每年几转,一般的伺服电机达不到这个要求,只能选择力矩电机来完成任务。又比如需要频繁启停、快速响应、高加速度,普通伺服电机也很难满足要求,一般交流伺服电机带负载频繁启停频率不会高于 5 Hz,而直线电机就不一样了,可以做到高加速度,有的达 $30g$,启停频率可到 20 Hz。选择电机唯一的规律就是了解负载特性、了解工作环境、了解电机特性,只有这样才能选到合适的伺服电机。

2.3.2 数控机床交流伺服控制系统参数整定与调试

1. 位置前馈增益

1）设定位置环的前馈增益。

2）设定值越大时，表示在任何频率的指令脉冲下，位置滞后量越小。

3）位置环的前馈增益大，控制系统的高速响应特性提高，但会使系统的位置不稳定，容易产生振荡。

4）不需要很高的响应特性时，本参数通常设为0，表示范围为0~100%。

2. 速度比例增益

1）设定速度调节器的比例增益。

2）设置值越大，增益越高，刚度越大。参数数值根据具体的伺服驱动系统型号和负载值情况确定。一般情况下，负载惯量越大，设定值越大。

3）在系统不产生振荡的条件下，尽量设定较大的值。

3. 速度积分时间常数

1）设定速度调节器的积分时间常数。

2）在系统不产生振荡的条件下，尽量设定较小的值。

4. 速度反馈滤波因子

1）设定速度反馈低通滤波器特性。

2）数值越大，截止频率越低，电机产生的噪声越小。如果负载惯量很大，可以适当减小设定值。数值太大，造成响应变慢，可能会引起振荡。

3）数值越小，截止频率越高，速度反馈响应越快。如果需要较高的速度响应，可以适当减小设定值。

4）设置值越小，积分速度越快。参数数值根据具体的伺服驱动系统型号和负载情况确定。一般情况下，负载惯量越大，设定值越大。

5. 最大输出转矩设置

1）设置伺服电机的内部转矩限制值。

2）设置值是额定转矩的百分比。

3）任何时候，这个限制都有效。

6. 定位完成范围

1）设定位置控制方式下定位完成脉冲范围。

2）本参数提供了位置控制方式下驱动器判断是否完成定位的依据，当位置偏差计数器内的剩余脉冲数小于或等于本参数设定值时，驱动器认为定位已完成，到位开关信号为ON，否则为OFF。

3）在位置控制方式时，输出位置定位完成信号。

7. 加减速时间常数

1）设置值是表示电机从0~2 000 r/min的加速时间或从2 000~0 r/min的减速时间。

2）加减速特性是线性的。

8. 到达速度范围

1）设置到达速度。

2）在非位置控制方式下，如果电机速度超过本设定值，则速度到达开关信号为ON，否则为 OFF。

　　3）在位置控制方式下,不用此参数。

　　4）与旋转方向无关。

9. 伺服电机的磁极对数

1：电机的磁极对数为 1。

2：电机的磁极对数为 2。

3：电机的磁极对数为 3。

4：电机的磁极对数为 4。

10. 设定伺服电机的光电编码器线数

0：编码器分辨率 1 024 Pusle/r。

1：编码器分辨率 2 000 Pusle/r。

2：编码器分辨率 2 500 Pusle/r。

3：编码器分辨率 5 000 Pusle/r。

11. 位置指令脉冲输入方式

1）设置位置指令脉冲的输入形式。

2）通过参数设定为 3 种输入方式之一：

0——两相正交脉冲输入；

1——脉冲正方向；

2——CCW 脉冲/CW 脉冲。

3）CCW 是从伺服电机的轴向观察,逆时针方向旋转,定义为正向。

4）CW 是从伺服电机的轴向观察,顺时针方向旋转,定义为反向。

12. 用于选择伺服驱动器的控制方式

0：位置控制方式,接收位置脉冲输入指令。

1：模拟速度控制方式,接收模拟速度指令。

2：模拟转矩控制方式,接收模拟转矩指令。

3：内部速度控制方式,由参数 20 设定数字速度指令。

13. 速度指令零漂补偿

在模拟速度控制方式下,利用本参数可以调节模拟速度指令输入的零漂。调整方法如下：

1）将模拟控制输入端与信号地短接；

2）设置本参数值,至电机不转。

14. 最高速度限制

1）设置伺服电机的最高限速值。

2）与旋转方向无关。

3）如果设置值超过额定转速,则实际最高限速为额定转速。

15. 空载下调试实验

接通伺服驱动器的电源,先进入测试调整模式,测试调整模式可以执行伺服驱动器的测试操作、自整定、报警复位和编辑清除,其数字操作器的按键说明见表 4-2。

表 4-2　数字操作器的按键说明

键　名	标志	输入时间	功能
确认键	WR	1 s 以上	确认选择和写入后的编辑数据
光标键	▲	1 s 以内	选择光标位
上键	▲	1 s 以内	在正确的光标位置按键改变数据,当按下 1 s 或更长时间,数据上下移动
下键	▼	1 s 以内	
模式键	MODE	1 s 以内	选择显示模式

16. 空载下调试及运转

松开伺服电机与负载的联轴器,接通伺服驱动器的电源,通过修改伺服驱动器的系统参数 RU08,设置伺服驱动器的不同工作方式:

RU08 = 01,速度控制方式;

RU08 = 02,位置控制方式。

17. 具体调试步骤

1)按下 MODE 键显示监控模式 < Ad ── >,然后选择页面屏幕 < Ad　0 >,通过上下键来增加和减少数值。

2)按下 WR 键 1 s,显示起初屏幕页面,当按下 MODE 键,返回到页面选择屏幕,当再次按下 MODE 键,转换到下一组模式。

3)进入选择测试调整模式"Ad05"手动操作,按 WR 键 1 s 以上,D 数码显示为"y _ _ _ n"后选择 yes,数码显示为"rdy",然后按 up 键电机按正方向运转,按 down 键时电机按反方向运转,松开手电机则停止运转。

18. 通过修改伺服驱动器的通用参数,改变驱动器的运动性能

PA000 位置比例增益(30)。

1)设定位置环调节器的比例增益。

2)设置值越大,增益越高,刚度越大,相同频率指令脉冲条件下,位置滞后量越小,但数值太大可能会引起振荡或超调。

3)参数数值由具体的伺服系统型号和负载情况确定。

参考文献

［1］ 陈红康,王兆晶.设备电器控制与 PLC 技术［M］.济南:山东大学出版社,2006.

［2］ 王烈准,黄敏.电机及电气控制［M］.北京:机械工业出版社,2012.

［3］ 张永花,杨强.电机及控制技术［M］.北京:中国铁道出版社,2010.

［4］ 姚永刚.电机与控制技术［M］.北京:中国铁道出版社,2010.

［5］ 王廷才.变频器原理及应用［M］.北京:机械工业出版社,2005.

［6］ 程宪平.机电传动与控制［M］.3 版.武汉:华中科技大学出版社,2011.

［7］ 汤蕴璆.电机学［M］.北京:机械工业出版社,2001.

［8］ 李光友,王建民,孙雨萍.控制电机［M］.北京:机械工业出版社,2009.